# Himno a Isis
(¿y si,...? s)

mujeres, células madre, cárceles privadas, fronteras olvidadas, feminicidios, reproducción asistida, migración, límites, monstruos

Carlos Enrique Cornejo

*"Mientras siga habiendo ramas del conocimiento ajenas a la experimentación,
estará justificada la esperanza"*

*E. Canetti*

# PRIMER VERSO

Era el 25 de abril de 1953, exactamente cuarenta años antes que comenzarán los hechos que, como en la novela de la inglesa Shelly dan la vida al monstruo, o los monstruos que en esta ficción documental también adquieren vida y se narran.

También era verano, y era sábado, a noventa kilómetros al norte de la misma Londres donde nació la creativa Shelley, que otro inglés y un estadounidense inician la construcción de lo que, sin quererlo, y a una distancia de cuarenta años y ocho mil kilómetros sería una nueva aberración, capaz de tomar la vida de cientos de mujeres, una vez más en el nombre de la ciencia.

Así que los ahora laureados, James Watson y Francis Crick, soportados por la genialidad de los trabajos de otra londinense, Rosalind Franklin, publicaban en esa fecha lo que sería la tan buscada molécula elemental de la vida, y eso lo hacen a través de una exacta y detallada simulación de la estructura del *ADN* (*Ácido desoxirribonucleico*). La publicación de su trabajo, que explicaba cosas tales como; el por siglos buscado vínculo entre la biología y la salud, la herencia, la evolución y la razón de las diferencias y similitudes físicas entre razas animales, y principalmente humanas, dio pauta a toda una revolución científica durante las siguientes décadas que, al día de hoy, a casi ochenta años continúa.

Se había encontrado la piedra Rosetta buscada desde siglos atrás, el límite por fin se había traspuesto; en distintas épocas la habían llamado con diferentes nombres, pero fue el objeto de la investigación de mucha gente, incluidos Hermes Trismigesto, Avicena, Paracelso entre muchos más. La exposición de este nuevo conocimiento generó que el mundo entero se volcará en un alud de científicos, recursos, laboratorios y nuevas ideas, en las que han estado involucrados decenas de gobiernos, miles de personas, y muchísimo dinero. Esta explosión de intereses y recursos involucró a distintas instituciones de gobierno y compañías, acelerando esta nueva área del conocimiento a un ritmo no conocido hasta el momento, que ni siquiera se había visto en la intensa época que se vivió durante los primeros cincuenta años del siglo para conocer y controlar el átomo.

En pocos años después de la modelación que explicaba la composición y ordenación exacta del *ADN*, se empezaron a comprender las características y correlaciones de todos sus componentes, y de las demás moléculas que lo afectaban. Al poco tiempo también, se descubrió y caracterizo una molécula hermana llamada *ARN* (*Ácido ribonucleico*), así mismo en poco tiempo se descifró el proceso entero que comenzaba con la información genética escrita en el *ADN* hasta llegar a su conversión en los elementos que hacen que todo el cuerpo funcione y se desarrolle como lo hace.

Vivíamos un siglo de un nuevo Renacimiento, pasábamos de encontrar las igualdades entre la energía eléctrica y las ondas magnéticas, y cuando apenas estábamos comprendiéndolo, nos enteramos que el movimiento, la velocidad y todas las otras cualidades físicas no son en todo momento las mismas (son relativas), lo único que es igual en todo el mundo y en todo el universo sin importar nada más es la velocidad a la que se mueve la luz, y también se nos dicen que nada nunca será más rápido que ella. En pocos años se caracteriza el átomo, y año tras año se nos dice que hay más y más, nuevas partículas que a su vez lo conforman. Conocimientos como el de que, el espacio se expande y se contrae al curvarse, cuando un objeto muy grande esta cerca de él, ha roto la cabeza y el entendimiento de muchos y no logra llegar a formar una imagen clara en la imaginación de la mayoría.

Como causa y consecuencia de todo ese conocimiento, poco tiempo después, la humanidad inventa y desarrolla las maquinas capaces de procesar los datos generados por las dos anteriores ramas del saber, maquinas que trabajan de manera más eficiente que lo que el cerebro es capaz. El desarrollo de las computadoras también avanza a pasos enormes año con año, y con ellas su capacidad de cómputo, es decir, la cantidad de datos que son capaces de procesar.

Las dos tecnologías juntas, *ADN* y computadoras, permiten que en los años setenta del siglo pasado se desarrolle la ingeniería genética, que permitiría modificar los elementos constitutivos del *ADN* y por tanto del código genético de distintas especies vegetales y animales, incluido el ser humano. El objetivo políticamente correcto siempre fue el de brindar a la humanidad con fabulosos beneficios, a los que antes de esto no teníamos alcance, como el ataque a enfermedades o condiciones genéticas de nacimiento. La realidad es que para poder analizar y observar los efectos generados al realizar estas modificaciones, tenemos que extrapolarlas a organismos vivos que las posean, y para que pueda ser llamado un resultado, debe ser repetible y verificable muchas veces, o sea en muchos organismos vivos del mismo tipo y sometidos a los mismos procedimientos. Es a partir de este desarrollo, que el mercado de animales de laboratorio se expandió en esa década y en las siguientes, a niveles preocupantes para los conservacionistas y organismos *pro*defensa de los animales. Pero eso no era todo, una vez probada su eficiencia y efectividad en muchos animales, estos cambios de una u otra forma deben ser probados en seres humanos, también en muchos de ellos, para que pueda ser considerado un resultado repetible, y entonces poderse comercializar y lucrar con esta investigación.

La ingeniería genética aperturó el debate ético y religioso acerca de; si el costo-beneficio de estas tecnologías, hacían valer su desarrollo, principalmente porque se comienzan los trabajos de intercambio de material genético de una especie viva con la de otra, un límite nunca antes rebasado.

El límite había existido en la imaginación de la humanidad, desde milenios atrás. Tal vez los mitos más antiguos de este teriomorfismo los hallemos en los textos de Homero y en las diferentes mitologías en los cinco continentes, en Asia a Ganesha, mientras que, en Europa a Medusa, el Minotauro, y por su parte en América a Quetzalcóatl y al Nahual; los africanos que posiblemente fueron los primeros a Horus y Anubis y los oceánicos a su hombre tiburón, esto solo por ejemplificar algunos. Sin embargo y aunque algunos trataron de rebasar esta frontera, ya fuese en la literatura, como Mary Shelley y su Frankestein, en el cine con el transilvano Béla Lugosi y su icónico Drácula, o en la mesa de trabajo y en el laboratorio como Josef Mengele en la Alemania nazi. No hubo en las artes visuales, ni en la literatura nadie con una imaginación tan vasta para pensar lo que la realidad nos depararía en 1993. Mengele tal vez sí, pero la humanidad da gracias de que la época en que vivió impidió que llegara más lejos.

El impacto y alcance que la ingeniería genética y la biología molecular traen a la mesa, el debate en el que la humanidad no había incurrido. Los límites que podían rebasarse sismaron a las tres grandes religiones como nada más las había sacudido en miles de años. La ética ocupo el siglo XX y lo que va del XXI, el lugar que había estado esperando, desde que se debatió e incorporo por primera vez en los hombres de la antigua Grecia. Y además era necesario legislar, convertir en leyes y códigos todo ese conocimiento, acotar el límite, protegerlo de hasta dónde se permitiría ser rebasado, y quién podía rebasarlo, es decir, extenderlo sí, pero demarcado por uno nuevo.

Como consecuencia natural de todo este nuevo conocimiento, surgieron y se desarrollaron nuevas ciencias y nuevos campos de investigación. De allí es que evoluciona velozmente, la que quizás históricamente ha sido siempre la más controversial de todas, -por abarcar no solo el campo científico, sino que compete directamente a los campos de la filosofía, la ética, la moral y la religión-, y cuyo potencial de beneficio a la humanidad es gigantesco, además claro de ser económicamente redituable: la *Reproducción Humana*. Esta nueva ciencia se convirtió en algo directamente manipulable por doctores y científicos, y se posicionó en el centro del debate ético de la humanidad de fines del siglo pasado.

## *El fin justifica el medio*

Desde los años ochenta, con el primer bebé nacido en Reino Unido con la prístina y efectiva técnica de *reproducción asistida*, miles de parejas comienzan tratamientos para embarazarse; las clínicas en países como Estados Unidos y Reino Unido tienen en los primeros años un auge impresionante, así como lo son sus beneficios. Sin ser la sobrepoblación que el mundo experimenta, un factor que detenga a este grupo minoritario, pero importante del mundo desarrollado, es que logran que las *Técnicas de Reproducción Asistida (ART)* sean un mercado de gigantesco potencial económico y cuyo continuo y exponencial crecimiento comienza a llegar pronto a muchos más países. Las técnicas nuevas de reproducción dan apertura a un singular y único mercado; sin tabuladores hasta el momento que delimite sus costos. Los médicos y las clínicas hacen millones de dólares a partir de las esperanzas de los padres. En los primeros años de su desarrollo, un tratamiento en Londres podía costar 3,000 libras, cuando el ingreso neto promedio al año de un inglés era de 6,000 libras. Aunque actualmente los costos han disminuido un tratamiento puede estar alrededor de los 10 y 20 mil dólares.

La primera técnica que se desarrollo fue la *Fertilización in vitro (IVF)*. Técnica en la que es necesario que la mujer se halle en la fase del ciclo apropiada para ser estimulada artificialmente mediante la inyección de ciertas hormonas (*hiperestimulación ovárica*), con el objetivo que para cuando el momento de la ovulación sea el correcto, ella ovule no uno sino muchos óvulos. Una vez llegado este momento de ovulación, se aplica una segunda técnica llamada *Recuperación transvaginal de óvulos* en la que se retiran los óvulos directamente de los ovarios de la mujer. Lo anterior se logra al introducir una cánula desde la pared vaginal guiada hasta los ovarios y de allí a los folículos, una vez logrado esto, los óvulos son aspirados junto al liquido folicular; esto se repite en el segundo ovario. Anteriormente la técnica usada era similar, pero era a través de una sonda guiada por ultrasonido que tenía acoplada una aguja para la extracción. Este procedimiento se realizaba en quirófanos y en dónde la mujer estaba bajo sedación o totalmente anestesiada.

Los óvulos son recolectados y separados de otras células y preparados para su fertilización con los espermatozoides también previamente dispuestos. La mezcla de ambas células germinales es cultivada bajo condiciones óptimas de temperatura, luz, humedad, etc., en un medio óptimo para su cultivo, y es dónde la fecundación entre los óvulos y los espermatozoides ocurre, -por primera vez en la historia del ser humano- fuera del vientre femenino.

Una vez lograda la fecundación se verifica que las etapas de formación del embrión están ocurriendo de forma adecuada, durante la división natural que sufren las células fecundadas, esto puede durar entre 18 y 30 horas. La transferencia de los embriones a la matriz de la mujer, ya en forma de blastocitos, se realiza mediante su reintroducción al útero de cinco a seis días después, esto utilizando un catéter en que se colocan de 2 a 3 embriones, con el objeto de que al menos uno de ellos se estabilice en el medio circundante, y se desarrolle de forma normal durante nueve meses, como si hubiese sido concebido dentro del mismo útero.

Louise Brown en 1978 fue la primer bebé nacida por esta técnica. Para el año 2013 se habían escuchado al menos cinco millones de nuevos y escandalosos llantos, como consecuencia de esta tecnología.

En poco tiempo esta técnica es totalmente dominada y se comienza a pensar en expandir una vez más los límites de lo hasta entonces permitido, es decir: extraer los óvulos de una mujer, luego fecundarlos, generar los embriones y reintroducirlos en una mujer diferente, llamada madre sustituta o vientre de alquiler.

Solamente en Estados Unidos y durante el año 2000, se llevaron a cabo 100 mil tratamientos de *IVF* que significaron traer al mundo 35 mil sonrientes bebés. Actualmente se realizan en promedio 260 mil procedimientos anuales con un índice del síndrome del berrinche constante de 50 mil.

La *hiperestimulación ovárica* genera en promedio, la producción de entre 10 y 12 embriones. Los embriones implantados en la mujer son por lo general entre 2 y 3 para evitar embarazos múltiples; los remanentes embriones obtenidos se someten a un proceso de congelamiento, en el caso de que en el futuro los padres quieran embarazarse una vez más. El éxito de los procedimientos de *Reproducción Asistida* varía entre un procedimiento y otro, pero también según otras variables, algunas muy definitorias como la edad de la mujer a la que se le extraen los óvulos; para mujeres menores de 35 años se pueden esperar entre un 50 y un 80% de resultados positivos. Si los óvulos utilizados son descongelados el resultado es mucho menor, con un promedio de 8-9% de éxito.

El congelamiento de los embriones restantes se hace generalmente entre el día seis o siete siguientes de la fertilización, esto es cuando estos se hallan en alguna de tres de sus primeras etapas de división celular: fase precigoto o de una sola célula, fase entre 2 y 8 células o la fase blastocito.

Existen otras alternativas a la *fertilización in vitro*, sin embargo, esta representa la gran mayoría de las técnicas de reproducción asistida, con más del 70% de estas. Las otras técnicas incluyen a la *Inseminación Intrauterina, Transferencia Intratubaria de Gametos* o *GIFT*, la transferencia a través de las trompas de Falopio mediante laparoscopia de óvulos o espermatozoides; técnica que requiere anestesia general. Otra alternativa será la *Transferencia Intrafalopio de Cigoto* que es una fusión de *IVF* pero que incluye laparoscopia, para transferir el embrión directamente a las trompas de Falopio.

A la fecha solo existe un estudio confiable que estipula el número real de embriones congelados en las casi 500 clínicas de infertilidad que dan servicio en Estados Unidos. En 2002, los cerca de 400 mil embriones eran probablemente el mayor número de embriones congelados en cualquier país. Para el año 2011 la estimación era de entre 500 y 600 mil, y actualmente se habla de 1 millón; de los que solo un 2% son usados por los padres para embarazarse. Hoy día y extendiendo los límites ético-morales de la reproducción humana otro tanto más, se comienza con una práctica llamada adopción de embriones, que incluso es promovida por el gobierno de los Estados Unidos, y en la que se fomenta que en vez de que los embriones remanentes de un procedimiento sean congelados, se utilicen a su vez en mujeres que quieran ser mamás sin someterse a las partes mas engorrosas de un procedimiento de reproducción.

## *Tyet*

Las mujeres nacen con todos los óvulos que ocuparan en su vida, por ejemplo, un feto de veinte semanas tiene ya unos 7 millones de ovocitos que son los óvulos en su etapa inmadura, cuando el bebé nace el número será cercano a los 2 millones. Ya para cuando sus años reproductivos comienzan, solo le quedan entre 300 y 500 mil óvulos que serán liberados a lo largo de toda la vida reproductiva. Una vez que el almacén de estos se vacía, el cuerpo inicia con la liberación del estrógeno y la entrada a la menopausia. El periodo reproductivo de cada mujer varía entre una y otra, pero con un promedio de inicio entre los 11 y 12 años. Durante cada ciclo reproductivo los ovarios liberaran un óvulo y ocasionalmente más de uno. Por cada folículo que llega a ovular cerca de mil más crecerán, pero con un crecimiento limitado y morirán sin llegar a ser liberados. Los óvulos en general presentan mutaciones que, aunque sutiles, con los años vuelven a los óvulos de menor calidad, además la acumulación de tantas pequeñas mutaciones aumentara con los años el riesgo de alguna anomalía cromosómica.

El ciclo reproductivo y menstrual funciona a partir de un delicado balance hormonal que ocurre en el torrente sanguíneo y que se orquesta en los ovarios y el cerebro de la mujer. Al inicio de cada ciclo menstrual, el hipotálamo libera la *Hormona Liberadora de Gonadotropina* (*GnRH*) al torrente sanguíneo, esta hormona a su vez acelera la liberación en la glándula pituitaria de la *Hormona Folículo Estimulante* (*FSH*) y la *Hormona Luteinizante* (*LH*).

En las primeras etapas del ciclo, la *folículo estimulante* disparara el crecimiento de entre diez y veinte folículos, del que aproximadamente a la mitad del ciclo reproductivo, solo uno completará su desarrollo. Una vez terminado su desarrollo, la glándula pituitaria liberara a la hormona luteinizante que generara a su vez la apertura del folículo y liberación del óvulo. Los demás óvulos maduros que no fueron liberados serán reabsorbidos por el cuerpo.

El óvulo es liberado en promedio en el día catorce del ciclo de veintiocho días, si halla un espermatozoide en las trompas de Falopio, podrá ocurrir la fecundación. La existencia del embarazo se determinara primeramente por la detección enzimática de hormonas presentes en orina y sangre y mediante ecografía a partir de las seis semanas de gestación.

La hiperestimulación de los ovarios permite la generación de un mayor número de óvulos. Este proceso consiste en la aplicación de dos diferentes gonadotropinas, dos o tres días después del inicio del ciclo (alrededor del día 2 o 3 del ciclo) y se continua de 7 a 12 días después (día 10 al 15). Estas hormonas son: la *luteinizante* (*LH*) y la *folículo estimulante* (*FSH*). Existe también una tercera hormona que puede obtenerse por técnicas de recombinación de proteínas, esta proteína es la *hMG* (*Gonadotropina Menopáusica Humana*) y es sumamente usada en las técnicas de reproducción asistida.

Una de las principales complicaciones que surgen con los procedimientos de hiperovulación es el *Síndrome de Hiperestimulación Ovárica* (*OHS*), que generalmente está asociado a un alargamiento de los ovarios y cuyos síntomas incluyen ensanchamiento del área abdominal, náuseas, diarrea, vómito y sensibilidad en el área de los ovarios.

Uno de los factores generadores de cáncer de ovarios, es la edad de la mujer, y es posible que esto se halle relacionado con el número de veces que una mujer ha ovulado a lo largo de su vida y que puede a su vez estar relacionado con el daño físico que posiblemente causan los óvulos al pasar por el tejido epitelial, que genera que al momento de su reparación y, mientras la duplicación celular sucede, se generan errores en el copiado. La acumulación con los años de errores en las reparaciones pueden dar lugar a la formación de esta enfermedad. Es decir, mientras más joven sea la mujer, la posibilidad de padecer esta enfermedad es también menor. La edad afectara también la cantidad y calidad de los óvulos generados, de manera que, si se buscan óvulos sanos, los mejores serán los de mujeres jóvenes, y cuanto más jóvenes mejor.

## *Atum*

El descubrimiento de las *células madre* y su investigación llevo en los últimos años del siglo pasado y en los primeros del actual, a definirla como una terapia sin precedentes que permitiría desarrollar de forma pronta, terapias nuevas y eficaces contra enfermedades degenerativas y para su uso en múltiples tratamientos, que ayudarían a tratar una gran variedad de enfermedades. El estudio de este tipo de células se espera que responda a preguntas añejas sobre varios mecanismos celulares y su comportamiento, en particular cuando su deterioro da origen a enfermedades. Además de la medicina, esta nueva área de estudio impulsaría el desarrollo a su vez de muchas otras ciencias como la biotecnología, la biología celular y la biología del desarrollo.

Una de las principales características de estas células es que no se han especializado, es decir, se encuentran en un estado previo a la diferenciación en tejidos y órganos, siendo entonces que todas son iguales, y por tanto son esa materia prima a partir de la cual, en respuesta a la orden adecuada, comienzan su transformación según las necesidades del cuerpo, es decir se dirigen a la formación de células cardiacas, o a la formación de neuronas, o para generar el hígado, o la piel, etc. Otra gran y única cualidad de este tipo de células es que tienen la capacidad de autorenovarse de forma indefinida, -son eternas-. Estas dos características las hacen ideales para regenerar tejidos dañados o incluso generar tejidos específicos, y por tanto las aplicaciones que pueden obtenerse de ellas son enormes.

Las *células madre* dan lugar a los doscientos diez tipos diferentes de células en los seres humanos, y al parecer también a la totalidad de los tejidos existentes en cada especie animal. Al ser el origen de las enfermedades producto del: mal, o nulo funcionamiento de un proceso o tipo de células, entonces el estudio de estas células promete ser la solución para reparar o resintetizar células muertas o afectadas.

Entre las células que es posible formar, tomando a las *células madre* como fuente, y que además tienen el potencial de curar enfermedades específicas se encuentran: células sanguíneas que podrán atacar o curar cáncer, leucemia, inmunodeficiencias o problemas sanguíneos congénitos; células de hueso que ayudarán en casos de osteoporosis; células de cartílago, en problemas de artritis; células cardiacas que ayudarán a disminuir ataques al corazón o taponamiento de arterias; células productoras de insulina en diabetes, células de hígado en cirrosis y hepatitis; células nerviosas en Parkinson, Alzheimer, daños en la espina dorsal; células retínales en degeneración macular; células de músculo esquelético en distrofias musculares y células de piel en quemaduras de piel y en el restablecimiento de heridas, entre muchas otras. Las aplicaciones que pueden llegar a tener en la salud humana son enormes. Las expectativas son que: muchos males puedan ser tratados con trasplantes de *células madre* diferenciadas en el laboratorio.

En los seres humanos las *células madre* se han hallado en la masa interna del embrión en su primera etapa de formación, en algunos tejidos fetales, en el cordón umbilical y placenta y por último en algunos órganos de seres humanos adultos. Las *células madre* son capaces de diferenciarse en tejidos distintos a los que normalmente residen, y debido a esta característica se dice que presentan *plasticidad*, esto es, que por ejemplo se ha logrado a partir de *células madre* obtenidas de médula ósea, generar células neuronales. Todas las células somáticas (las que no son reproductivas) de un organismo tienen exactamente la misma información genética, sin embargo, aún es desconocido él por qué una parte de esta información llamada código genético se expresa (genera proteínas) en una parte de este y otra parte de la información en otras partes diferentes del organismo. Cuando además de lo anterior, una *célula madre* es capaz de dar lugar a una variedad de tejidos diferentes, se dice que esta es *multipotente*, es decir, que por sí misma es capaz de generar por ejemplo tejido neuronal, cardiaco, piel, ojo, etc.

Él estudió en *células madre* es un tema de la más profunda controversia, debido principalmente a las diferentes opiniones existentes sobre el estatus legal y moral de los embriones humanos, que son la fuente idónea para la obtención de estas células.

Los primeros resultados obtenidos en la investigación en *células madre*, son los que lograron que desde un inició, se generaran tantas expectativas en relación a esta terapia, y estos resultados se consiguieron a través de trasplantes de médula ósea, que en última instancia incidieron en el incremento de la sobrevivencia de pacientes con leucemia y otros tipos de cánceres, problemas sanguíneos congénitos y problemas en el sistema inmune; cuando estos primeros trasplantes se realizaron hace ya 40 años, a las células responsables se les nombro *células madre hematopoyéticas* (HSC). Estas células son de las pocas que han sido aisladas satisfactoriamente de un ser humano adulto y se encuentran en la médula ósea y bajo ciertas condiciones del metabolismo normal, migran a otros tejidos a través de la sangre. Las *HSC* son halladas también de forma normal en riñón de fetos, en bazo, así como en cordón umbilical y sangre de placenta.

Existe mucha evidencia que demuestra la plasticidad de las *HSC* y también de que, bajo ciertas circunstancias, participan en la generación de tejidos diferentes a los del sistema sanguíneo. Sin embargo, el potencial de estas células en el trasplante de médula ósea para por ejemplo restaurar un sistema sanguíneo dañando, se halla limitada por la falta de disponibilidad de estas células en la cantidad y pureza que son requisito para estos trasplantes. Además de esto, existe un problema de inmunocompatibilidad en ciertos pacientes que hace que su cuerpo, genere un rechazo a este trasplante, al no reconocerlo como propio, pero aun si no existe dicho rechazo por parte del receptor del trasplante (enfermo), puede existir una contaminación con anticuerpos (células T) del donador, siendo así que sean estas las que ahora ataquen al tejido del receptor. Existe la posibilidad, sin embargo, de que el donador y el receptor del trasplante sean la misma persona, lográndose de esta forma evitar la respuesta inmune, pero la dificultad existente en el proceso de purificación de estas células conlleva el riesgo de reintroducir células cancerosas al paciente junto con las deseadas y benéficas *células madre*, esto en el caso de terapias dirigidas a contrarrestar cánceres. Por último, una barrera más para el uso de *células madre hematopoyéticas* es la imposibilidad que existe hasta el momento de cultivarlas de forma efectiva *in vitro*, es decir, en el laboratorio.

La investigación en *células madre* animales presenta una oportunidad para el estudio de este tipo de células, y aunque en definitiva es necesaria para el avancé en esta área del conocimiento, no es suficiente para lograr una caracterización extrapolable a células humanas, esto debido principalmente a la enorme diferencia entre ambas células y de sus mecanismos de regulación y control. Es así qué el estudio continuo con *células madre humanas* es fundamental y necesario para lograr el desarrolló de terapias efectivas contra enfermedades específicas. La aplicación de las investigaciones de las *células madre* en terapias humanas requiere además un más completo conocimiento sobre las propiedades de estas.

Existen diferentes fuentes para obtener *células madre* humanas: a partir de fetos, de embriones y de adultos; además de a través de la técnica de *transferencia nuclear de células somáticas (SCNT)*. Los estudios en *células madre* de adultos no han mostrado que sean tan prometedores como las obtenidas de embriones, donde se ha probado su diferenciación en una variedad de células, además de haberse también demostrado, su continua renovación a largo plazo en cultivos celulares. La técnica de *transferencia nuclear de células somáticas (SCNT)* es una técnica que consiste en introducir el núcleo de una célula somática del paciente dentro de otra célula a la que se le extrajo el núcleo y donde esta puede ser humana o animal. Existen otros reportes promisorios que señalan nuevas fuentes de obtención de estas células, tales como la superficie del epitelio ovárico (*Bukovsky, 2005*) sin embargo, la investigación de estas nuevas posibles fuentes se halla apenas en su inicio y por tanto aún no puede ser consideradas como una posibilidad real, ni cercana.

Las *células madre* embrionarias se encuentran solamente en embriones en sus primeras etapas de desarrollo. La fertilización de un óvulo por el esperma resulta en la formación del cigoto, que es la primera etapa en la formación del embrión, el cigoto empieza la división celular y con esto la formación de un organismo multicelular aproximadamente a las 30 horas de la fertilización y para el tercer o cuarto día el embrión es ya una bola compacta de 12 o más células, llamada mórula. A los cinco o seis días de la fertilización y después de muchos más ciclos de división celular, la mórula empieza la etapa de diferenciación formando una esfera hueca de células llamada blastocito, con cerca de 150 micrones de diámetro. La cubierta exterior del blastocito es llamada trofoblasto y el racimo de células en el interior se le llama la masa celular interna. En esta etapa hay aproximadamente 70 células de trofoblasto y 30 de la masa interna. Estas últimas son *células madre* multipotentes y dan lugar a todos los tipos de tipos celulares de las principales cubiertas de los tejidos; ectodermo, mesodermo y endodermo del embrión. Normalmente después del séptimo día estas desaparecen y empiezan a formarse las tres capas de tejido del embrión.

Las células de la masa interna han podido ser removidas del blastocito y mantenidas en un estado indiferenciado en líneas de cultivos celulares en el laboratorio. Para ser útiles en la generación de terapias médicas, las *células madre* embrionarias en cultivo, requieren diferenciarse en los tejidos apropiados para ser trasplantados al paciente. Al llevarse a cabo la extracción de las células de la masa interna para obtener las *células madre*, los embriones son destruidos, cuestión que ubica a esta fuente de obtención de células en medio de un intenso y muy largo debate.

En general el potencial para la generación de *células madre* a partir de embriones generados con óvulos congelados es por mucho menor al obtenido con óvulos frescos. De hecho, el periodo óptimo para la recolección y manipulación de estos con el fin de obtener estas células debe ser menor a una hora, por lo que si se utilizan embriones generados en exceso en un procedimiento de *reproducción asistida* es recomendable usarlos antes de que los remanentes sean reintroducidos en el útero de la mujer.

Las *células madre* fetales son células primitivas en el feto que eventualmente pueden diferenciarse en los órganos del cuerpo adulto. La investigación en estas células solo se ha realizado en unos pocos casos: *células madre* nerviosas y progenitoras de islotes pancreáticos. El hígado fetal y la sangre son fuente de *células madre hematopoyética*s, quienes son las responsables de la generación de los múltiples tipos de células presentes en la sangre. Aunque no son parte del feto, la placenta y el cordón umbilical son también fuentes ricas en *células madre hematopoyeticas*.

Las *células madre* de adulto son células indiferenciadas que existen en tejidos diferenciados, tales como médula ósea, cerebro, sangre, ojo, músculo esquelético, pulpa dentaría, hígado, piel, etc. de adultos humanos. Al menos algunas de estas *células madre* son multipotentes. Pese a estar en una variedad de órganos y tejidos, la *célula madre* de adulto son raras, difíciles de identificar y de purificar y cuando son crecidas en un cultivo son difíciles de mantener en un estado indiferenciado. Debido a estas limitaciones, es que hasta el momento no se pueden obtener en cantidades suficientes para ser aplicadas en terapias regenerativas.

En tanto a la obtención de *células madre* a través de la técnica de *transferencia nuclear de células somáticas* (*SCNT*) que, aunque evita el rechazo inmune, presenta como una de sus desventajas el hecho de que sí el mal de la persona es genético, estas células pueden llevar consigo la misma información que ocasiono la enfermedad. Sin embargo, el principal impedimento para el uso de esta técnica es que, su fundamento es el mismo que el utilizado para la clonación. Teóricamente la técnica de *SCNT* genera *células madre* genéticamente idénticas que darán lugar a un tejido que no será rechazado por el sistema inmune del receptor del trasplante, sin embargo, el límite que separa esta técnica de la clonación humana se refiere exclusivamente a la introducción del embrión generado dentro de un útero para su desarrollo durante los nueve meses que requiere un bebé humano.

Con el tiempo, y debido a mutaciones acumuladas, todas las líneas de cultivos celulares cambiarán, esto también aplica a las líneas celulares (cultivos) de *células madre*. Es por esto que el uso en investigación solamente de las líneas celulares ya existentes, -muchas de ellas antiguas-, probablemente se vea limitado; además de lo anterior la mayoría de estas líneas celulares existentes han sido cultivadas en presencia de suero o metabolitos de origen no humano, cuestión que puede llegar a ser un riesgo para la salud. La acumulación de mutaciones surgidas en cada división celular las vuelve menos adecuadas y seguras para investigación, además de que mientras menor sea el número de líneas celulares en uso, menor será la diversidad genética que estas representan, y por tanto su aplicación en terapias médicas se vera limitada.

Él número de enfermedades que potencialmente pueden ser atacadas utilizando *células madre* es grande, generándose un mercado potencial para la terapia médica de enorme dimensión y del mayor interés. En el año 2018, se estimo el mercado de terapias basadas en estas células era de 9.3 billones de dólares y estimándose que este número sea de 16.5 billones para el 2025. Aunque no hay una estimación clara de lo que representa para las terapias específicas, a continuación, se muestra lo que potencialmente representa solo para Estados Unidos.

| Enfermedad | Número de pacientes al año |
|---|---|
| Enfermedades cardiacas | 58 millones |
| Deficiencias en sistema inmune | 30 millones |
| Diabetes | 16 millones |
| Osteoporosis | 10 millones |
| Cáncer | 8.2 millones |
| Alzheimer | 5.5 millones |
| Parkinson | 5.5 millones |
| Quemaduras severas | 0.3 millones |
| Daños a la columna vertebral | 0.25 millones |
| Defectos de nacimiento | 0.15 millones |
| **TOTAL** | **133.9 millones** |

*Número de pacientes por principales enfermedades en Estados Unidos, potencialmente tratables a través de terapias basadas en Células Madre (Perry, 2000)*

Si el costo de salud en Estados Unidos por ciudadano enfermo fue en el año 2017 en promedio de 11,000 dólares, el beneficio económico de esta terapia podría ser por tanto de hasta 1.5 trillones de dólares, solamente en ese país, por lo que el estudio en esta área del conocimiento no solo es un avance humanitario de considerables repercusiones, sino de un interés económico brutal que hace que muchos intereses estén en juego.

Otras cifras que dejan claro el valor económico de esta terapia se muestran a continuación, por ejemplo, el costo social directo e indirecto en Estados Unidos generado por desordenes neuropsiquiátricos, el cual es él mas elevado entre todos los grupos de desordenes de la salud, corresponde a cerca de 650 billones de dólares. Casi el 80% del mercado de ciencia enfocada al cerebro corresponde al diagnostico y tratamiento de este tipo de desordenes neuropsiquiátricos, de donde la enfermedad de Alzheimer representa casi el 14% de ese total. Comparativamente por su parte, la diabetes representa un costo de 98 billones de dólares, la hipertensión 41 y los problemas coronarios 100 billones de dólares, males todos estos, potencialmente tratables mediante terapias con *células madre*.

Hoy en día casi la mitad de los estadounidenses padecen de una enfermedad crónica; solo en el 2003 el sistema de salud estadounidense gasto 2 trillones de dólares, mientras para el 2013 este gasto fue de 3.5 trillones. En el año 1997 el costo anual de cuidado de la salud per cápita ascendía a solo 3,912 dólares, lo cual era la tercera parte del costo para el 2017. El costo de salud del país es actualmente de 3.6 trillones de dólares, equivalente a casi una quinta parte de su gasto total como nación. Como dato extra, el 8.5% de los estadounidenses no cuentan con ningún tipo de cobertura médica. En el año 2017 la deuda de Medicaid era de 577 billones. La principal razón del gasto público en ese país es la edad de su población y la presencia preponderante de enfermedades en una alta proporción de dicha población. Medicare, Medicaid y la Seguridad Social son responsables de un 18% del gasto total del país en 2020.

A nivel mundial solamente en 2014 el gravamen generado por las diez enfermedades de mayor importancia relacionadas con sistema nervioso central fue cercano a los 800 billones de dólares, mientras que las enfermedades cardiovasculares representaron en 2010, también 800 billones. Otros reportes señalan que el mercado del cuidado de desordenes psiquiátricos en Estados Unidos, Japón y la Comunidad Europea se encuentra en el rango de entre 700 y 900 billones de dólares.

Tanto las *células madre* embrionarias como de adulto pueden llevar al desarrollo de medicina regenerativa. Las células embrionarias han demostrado ser multipotentes, además de ser eficazmente cultivables en el laboratorio, mientras que en las células de adulto no se sabe a ciencia cierta su grado de plasticidad, además de haber mostrado dificultades en su aislamiento y purificación, así como problemas al momento de ser cultivadas en el laboratorio, sin embargo debemos hacer notar que hasta el momento la única terapia basada en *células madre* que ha dado resultados comprobables se basa en las células de adulto, en específico de médula ósea y de piel.

Pese a las altas expectativas puestas en esta nueva medicina, la investigación en *células madre* se halla en sus primeras etapas y existen todavía muchas preguntas y grandes espacios en blanco por responder, mismos que son obstáculos para la aplicación de esta tecnología en una terapia médica real a corto tiempo.

Es verdad que varias etapas de los trasplantes de *células madre* a partir de médula ósea, se llevaron a cabo sin un conocimiento profundo del mecanismo y consecuencias de esta terapia, y los resultados obtenidos han llevado a un mejor entendimiento de ellas, y aunque quizás es cierto que no se necesita conocer completamente estas células antes de ser usadas en algunas aplicaciones médicas, si es un hecho que debemos tener un mínimo de conocimientos sobre ellas que son fundamentales; como los relativo a ¿el motivo que mantiene a estas células en un estado indiferenciado?, o ¿cuáles son las señales que la célula utiliza para empezar o detener el proceso de división celular?, acerca dé ¿cuáles son las señales del medio ambiente que afectan la diferenciación? y por último, sobre ¿cuáles son las propiedades fisiológicas que permiten la integración funcional de los nuevos tejidos en un organismo ya existente?. Cualquier investigación científica que pretenda responder estas preguntas deberá ser comprensible y repetitiva antes de que el mundo científico la acepte y el mundo no científico la adopte.

A medida que el conocimiento en *células madre* crezca se podrá empezar a pensar en enfoques terapéuticos incluido él referente a sí las células deberán trasplantarse en un estado diferenciado o indiferenciado, y sobre cuales de las diversas fuentes de *células madre* deberán emplearse en casos específicos. Los experimentos en cultivos celulares deberían de llevarse el mismo esfuerzo y utilizar el mismo tiempo que con los experimentos en seres humanos. Los datos obtenidos en el laboratorio deberán generar los detalles que se requerirán para la investigación directa en humanos.

Como conclusión cabe decir que el acceso a fuentes de *células madre* será lo que en última instancia determine el progreso al que se llegara en esta área del conocimiento. La mejor fuente conocida de *células madre* al día de hoy es a partir de embriones, mismos que son generados a partir de óvulos frescos, cuya disponibilidad es la que en última instancia determina en este momento el avance en esta terapia médica y limita los beneficios económicos de la misma.

## *Aussies y monarquías*

Durante los años 80 el Reino Unido, pionero en experimentación en células reproductivas, experimento un fuerte debate referente a la experimentación en embriones humanos que dio lugar a la redacción de la *Ley de Fertilización y Embriología Humana de 1990 (Human Fertilisation and Embryology Act 1990)*. Entre lo más destacable de dicho documento, esta el hecho de que en dicha ley se asienta que *"en el embrión humano surge un cambio fundamental en su estatus, alrededor del día catorce de existencia, que hace que después de ese momento, esté sea ya considerado como un individuo humano que por tanto no debe ser utilizado para propósitos experimentales"*. Esta premisa dicen, esta fundamentada en observaciones biológicas de donde se extrae que "no existe evidencia de la existencia de un individuo humano multicelular e integrado en el periodo entre la fertilización y el día dieciséis del desarrollo embrionario".

En el año de 1996 en el Reino Unido se estimaba que cerca de 300,000 embriones fueron creados entre 1991 y 1994, dónde la mayoría, o fueron destruidos o se experimento en ellos, sin embargo se considera que cerca de 63,000 fueron congelados.

En 1984 sucede en Australia el primer caso de una mujer que dio a luz un bebé sin parentesco genético alguno. Alan Trounson de la Universidad de Monash en Melbourne logra la fertilización del óvulo de una donadora en una caja de vidrio y la eficiente introducción y desarrollo en el útero de una madre diferente.

En enero del 2001 la Casa de los Lores (*House of Lords*) logró que Reino Unido se convirtiera en el primer país que legalizara la clonación de embriones humanos con fines de investigación en *células madre*.

## *Peregrinos y otros colonizadores*

En enero de 1973 la Suprema Corte de los Estados Unidos de América, a través de la decisión conocida como *Roe vs Wade* legalizó la decisión de la mujer de abortar, situación que entre otras consecuencias trajo consigo una moratoria en el financiamiento gubernamental en la investigación en embriones. Un año después, en 1974 se estableció en el Acta Nacional de Investigación (*National Research Act*) una moratoria temporal para el financiamiento federal en investigación fetal (antes y después del aborto). La moratoria anterior siguió siendo válida hasta 1975 cuando el Departamento de Salud y Servicios Humanos (*HHS*) emitió regulaciones que limitaban el financiamiento federal en investigaciones fetales y entre otras cuestiones, se evitaba que el gobierno financiara experimentos en *IVF* (*Fertilización in vitro*) a menos que un comité consultivo ético lo aprobase.

En el año de 1979 y bajo la presión de grupos antiabortistas, el *Departamento de Servicios Humanos y de Salud* (*Department of Health and Human Services*) en los Estados Unidos desmantelo un comité de evaluación que revisaba el financiamiento federal en investigación de esperma, óvulos y embriones humanos.

Siguiendo esta pauta y una vez en la presidencia de ese país, en marzo de 1988 el presidente Ronald Reagan impuso una moratoria especial en el uso de fondos federales para la investigación en trasplantes de tejido fetal y quedaba esta moratoria en espera de las conclusiones éticas, científicas y legales del panel en Investigación de Trasplantes de Tejido Fetal Humano; con este reporte en mano el Comité de Consejo del Director del *NIH* (*National Institute of Health*) recomendó que la moratoria fuera levantada, sin embargo y pese a esta recomendación en noviembre de 1989, el Secretario del *HHS* (*Department of Health and Human Services*) extendió la moratoria de forma definitiva.

En 1993 el presidente William Clinton anuncio que mantendría la prohibición del estudio de embriones humanos y nombró a los *Institutos Nacionales de Salud* (*NIH*) como el organismo encargado de dar pautas y guías en esta área, siendo que en 1994 estos institutos establecen el *Panel de Investigación en Embriones Humanos* con el objeto de crear políticas a seguir en los métodos que los investigadores deberían seguir para obtener dichos embriones y además para determinar los alcances ético de la investigación en esta área. No obstante, en 1993 el Congreso del país aprobó ciertas investigaciones que usaban tejido fetal proveniente de abortos espontáneos.

En noviembre de 1994 el *Panel de Investigación en Embriones Humanos* (*Human Embryo Research Panel*) emitió una guía para la investigación y estudio en embriones: de acuerdo a esto, los investigadores solo podían hacer uso de los embriones si estos tenían menos de catorce días de edad, y solo si el estudio no podía realizarse con embriones de animales y si además se demostraba una razón de peso para la realización de estos estudios. El panel también determinó que los investigadores podían no estar condicionados solamente a utilizar los embriones remanentes de los procedimientos de fertilización *in vitro*, sino que además se podrían crear *in vitro* para estos propósitos. Sin embargo, el investigador debía probar que su investigación con embriones recién creados, eran prometedoras y de valor científico y terapéutico. Por último, el panel alerto que las mujeres donantes no deberían ser retribuidas económicamente por sus óvulos. En los siguientes meses el *NIH* voto para la aceptación de estas medidas, sin embargo, el mismo día de la votación el presidente Clinton emitió una orden ejecutiva donde se prohibía la creación con fines de investigación de embriones, para todas aquellas investigaciones financiada federalmente, así mismo anunció la creación de una *Comisión Nacional en Bioética* para analizar esta área del conocimiento.

Como resultado de esta prohibición, los científicos solo pudieron continuar su investigación con embriones remanentes de tratamientos de *fertilización in vitro*. Sin embargo en julio de 1995, presionados una vez más por grupos antiabortistas el Comité de Apropiaciones de la Casa (*House Committee Appropriations*) aprobó una propuesta de dos congresistas para prohibir el uso de fondos federales en la investigación en embriones humanos. Para la implementación de esta prohibición, el comité agregó una cláusula a la Ley de apropiación del *NIH* donde sé asentaba que los fondos federales, no debían ser utilizados para la creación de embriones humanos para propósitos de investigación en donde *"el embrión es destruido, desechado o conscientemente sujeto a un riesgo de daño o muerte que sea mayor que el riesgo permitido para la investigación de fetos en el útero"*. Esta cláusula reforzó la prohibición de la creación de embriones, y adicionalmente restringió el uso de fondos federales para cualquier investigación que requiriese el uso de embriones obtenidos de procedimientos de *fertilización in vitro*. Es importante recalcar que los embriones usados para extraer *células madre* son destruidos en el proceso.

En enero de 1996 Bill Clinton firmo una resolución donde mantenía al gobierno federal abierto, ya que no se había logrado un consenso en el presupuesto. La resolución incluyó la prohibición una vez más del uso de fondos federales para la investigación con embriones humanos, la ley llevaba el nombre de Enmienda *Dickey (Dickey-Wicker Amendment)*. Durante los años que siguieron, el Congreso continúo con la prohibición del uso de fondos federales para la investigación en embriones.

Sin embargo, en noviembre de 1998 una industria privada, *Geron Corporation* (con sede en Menlo Park, CA) anunció su apoyo a dos grupos de investigación que había descubierto mecanismos para la derivación de líneas celulares a partir de *células madre* embrionarias y células humanas pluripotentes. El primero de los grupos, encabezado por James A. Thomson un investigador asociado en veterinaria del Centro Regional en Investigación en Primates de la *Universidad de Wisconsin*

(Madison, WI), logró la derivación de *células madre* de tejido embrionario humano, el grupo de Thomson reporto que las células frescas o congeladas habían sido obtenidas con consentimiento de los progenitores y en programas de *fertilización in vitro*. En su estudio Thomson dijo haber utilizado 36 embriones de los que obtuvo 5 líneas celulares, es decir un rendimiento de casi 14%. El segundo equipo apoyado por *Geron* estaba liderado por John D. Gearhart un profesor en ginecología y obstetricia de la *Universidad de Medicina Johns Hopkins* (Baltimore, MD) quienes crearon un método para establecer líneas celulares de *células madre* pluripotentes. La derivación surgió de células germinales primarias de embriones o fetos de *5 a 9 semanas* de edad que eran el producto de conclusiones por razones terapéuticas de embarazos. *Geron* aclaro que dichas investigaciones no violaban la prohibición en el estudio de dichas células, ya que los experimentos ni creaban ni destruían embriones. El mismo día del anuncio de *Geron Corporation*, el *NIH* empezó a estudiar los casos en que el gobierno podía financiar investigación en líneas celulares de *células madre*.

A los pocos días, el 12 de noviembre de 1998, la compañía *Advanced Cell Technology Inc*. (Worcester, MA) anuncio que su equipo científico liderado por Jose Cibelli había desarrollado un método para producir *células madre* embrionarias, al fusionar una célula somática humana con un huevo de bovino al que se le había extraído el núcleo. La comunidad científica entre otras muchas criticas, enfatizo el hecho de que esta compañía hacia pública su investigación, apenas dos semanas después del anuncio de la compañía *Geron*, siendo que la tecnología de *Advanced Cell* se había desarrollado desde dos años antes (1996), pero la principal oposición surgida con relación a esta tecnología era su similitud con la usada para la clonación de la oveja Dolly y de otros mamíferos, lo cual hacía pensar en la posibilidad de crear aberraciones genéticas. Aunque los defensores de esta tecnología argumentan sus beneficios, al ser posible obtener tejido humano para trasplantes, que es genéticamente compatible, y que además no se halla restringida su investigación por ninguna prohibición o restricción, ya que al fusionar un núcleo humano y un huevo de vaca no se genera un embrión humano como tal. Sin embargo, y pese a todo la *Comisión Consultiva Nacional en Bioética* (*NBAC*) sugirió que el gobierno federal no debe financiar esta tecnología. La meta final de esta tecnología evidentemente requeriría que tanto el núcleo, como la célula a la cual será trasplantado fueran humanos y esto requeriría de óvulos humanos que son muy difíciles de conseguir en cantidades suficientes para una investigación.

Las tecnologías presentadas por ambas compañías habían sido financiadas con fondos privados, de manera que el congreso de los Estados Unidos había de forma indirecta conseguido que la investigación en *células madre* fuese responsabilidad del capital privado. Sin embargo, en ese país la opinión pública es muy importante para las compañías, y las leyes federales que rigen la investigación pública generalmente son una pauta para los demás investigadores. Además, la cantidad de dinero que una compañía privada puede invertir en investigación básica, es limitada, ya que las compañías se enfocan en tecnologías aplicativas por obvias razones. Las compañías privadas son necesarias al llevar los desarrollos científicos a la parte aplicativa, sin embargo su alcancé en investigación básica es corto; la investigación realizada hasta el momento por *Geron, Advanced Technology*, etc. esta lejos de ser viable como terapia médica, por lo que para que esta investigación detone, es necesario del financiamiento federal que como otras consecuencias permitirá de forma abierta que exista escrutinio público y vigilancia de las autoridades.

Sobran los ejemplos que muestran la vital importancia que en las industrias biotecnológica y farmacéutica ha tenido el financiamiento federal en investigación básica para la innovación; además el financiamiento federal, ha generado diversas colaboraciones entre los sectores federal y público. La rapidez con que las nuevas terapias basadas en *células madre* sean desarrolladas dependerá en gran medida del apoyo que logren en la opinión pública, las compañías privadas a su vez tendrán un papel de importancia en lograr que las terapias basadas en *células madre* tengan un lugar en el mercado, sin embargo la prohibición actual para el financiamiento federal de estas tecnologías, desaniman a la mayor parte de la comunidad científica del vecino país para continuar en esta área de investigación.

Entre las opciones surgidas como alternativas para poder realizar investigación en *células madre* sin prohibiciones legales o quejas de la opinión pública, surgen algunas como la de utilizar células de abortos espontáneos o de embarazos ectópicos. En enero de 1999 se comprobó (Bjornson, 1999) que, *células madre* obtenidas de adultos podían generar una variedad de otro tipo de células, sugiriendo lo innecesario de seguir extrayéndolas de embriones humanos, además de evitarse el rechazo al que con frecuencia son sujetas por el sistema inmune del cuerpo. Sin embargo, otros estudios en *células madre* de adultos, -generalmente de médula ósea- no muestran a esta fuente de células tan promisora como se pensaba, debido entre otras cosas al ser menos factible él generar cultivos celulares a gran escala a partir de estas y a lo difícil que resulta su purificación.

Según la investigación de Gearhart del Johns Hopkins y apoyado por *Geron Corp.*, los cultivos de *células madre* pueden generarse a partir de tejidos obtenidos de abortos terapéuticos, sin embargo, un interés del gobierno federal en financiar la investigación que utilicé esta fuente de células puede llegar a generar conflicto al mal interpretarse este apoyo como un apoyo para la legitimación de abortos. Además de esto, otro estudio (Steghaus-Kovac, 1999), pone en duda que las células germinales embrionarias, obtenidas de tejido fetal de abortos sean substitutos adecuados para *células madre* obtenidas de embriones, ya que se sugiere que algunos genes de dichas células carecen de las modificaciones necesarias para un normal desempeño.

Otras fuentes promisorias de *células madre* puede ser a través de la técnica de *Transferencia nuclear de células somáticas (SCNT)* o mediante la manipulación genética de las *células madre* que permita obtener un banco suficiente de líneas celulares.

Fundamentado en el *Acta Británica en Fertilización y Embriología de 1990*, la *Comisión Consultiva Nacional en Bioética (NBAC)* de los Estados Unidos apoya el financiamiento de *células madre* obtenidas de embriones congelados, siempre que estos se hallen dentro del periodo de desarrollo de 14 días desde su fertilización. Así mismo reconoce una distinción, aunque no una diferencia fundamental entre el hecho de obtener estas células y el hecho de estudiarlas.

La principal fuente de *células madre* sugerida en las resoluciones de los diferentes grupos de expertos que se han reunido para debatir sobre esta nueva terapia, resultan ser las obtenidas de los embriones generados en excedente durante los procedimientos de *fertilización in vitro*. Sin embargo, el uso de esta fuente de *células madre* genera dos preguntas fundamentales, la primera es sobre cual es la cantidad de estos embriones que se encuentran disponibles para experimentación; siendo la segunda pregunta si ese número de embriones es suficiente para realizar la experimentación de forma productiva y reproducible.

Las más de 500 cínicas de fertilidad en los Estados Unidos no son obligadas a reportar el número de embriones almacenados, es por esto que no es conocido el numero exacto de ellos, sin embargo y como respuesta a esa pregunta, y ante la falta de datos confiables, en 2002 se realizo la única investigación hasta esa fecha confiable (*RAND-SART, 2002*), en la que se estimaba que el número de embriones que habían sido congelados y almacenados desde mediados de los años 80, en las hasta ese momento, 430 clínicas de reproducción asistida en Estados Unidos era de casi 400,000 embriones. Estos correspondian a óvulos fertilizados con un desarrollo de menos de seis días. De ese número solo en el 2.8% existe un permiso por parte de los progenitores para realizársele investigación, del restante 97.2%; el 2% se ha destinado para ser destruido, otro 2% para donación a mujeres que quieran ser madres, 1% destinado a estudios de control de calidad y el restante 92% es guardado por los progenitores para futuros intentos de embarazos. De los 11,000 embriones disponibles para investigación se estima de forma optimista que solo 275 líneas celulares (cultivos celulares disponibles para desarrollarse posteriormente) podrían ser creadas, es decir, un rendimiento del 2.5%, esto por supuesto suponiendo que todos los embriones disponibles para investigación serán utilizados para generar líneas celulares.

Las estimaciones previas referentes al número de embriones existentes en clínicas de infertilidad de ese país estimaban estos entre 30,000 y 200,000, por lo que la cantidad real existente duplica dichas estimaciones. Las técnicas de *reproducción asistida* utilizan los embriones de mejor calidad (aquellos que crecen a un ritmo normal) para ser insertados en el útero de las mujeres, dejando los restantes que muchas veces son más débiles para ser congelados. Un punto más en contra del uso exclusivo de esta fuente de *células madre* es que muchos de los embriones congelados han estado en almacenamiento por muchos años y en el tiempo en que estos embriones fueron creados los cultivos de laboratorio no eran los más propicios para la preservación de embriones. Así también muchos embriones se destruyen durante el proceso de congelación y descongelación; en 1996 se calculaba la tasa de nacimientos después de un proceso de congelación de entre 7 y 10%, los pocos estudios en esta área permiten estimar en la actualidad en un 65% el porcentaje de embriones sobrevivientes a un proceso de congelación-descongelación, y siendo que dé estos solo un 25% podrían sobrevivir las etapas iniciales de desarrollo de la etapa blastocito (embrión que se ha desarrollado al menos 5 días). Un último punto en contra de esta fuente de *células madre* es que cómo es sabido, en las células de humanos ocurre una mutación cada vez que la célula se divide, por lo que una célula en cultivo que ha sufrido 200 divisiones, es de esperar que halla generado al menos 200 mutaciones cuyas repercusiones en dicho cultivo no han sido evaluadas.

El 9 de agosto del 2001 el presidente George W. Bush anuncia una nueva política federal donde se permite el uso limitado de *células madre* humanas embrionarias para propósitos de investigación, pero solamente podrían ser extraídas de las aproximadamente 60 líneas celulares identificadas por el *NIH* (*National Institutes of Health*) como derivadas en exceso a partir de embriones humanos hasta ese día. Aunque no existe ley federal como tal o política que prohíba al sector público de generar nuevas líneas por los métodos de *fertilización in vitro* o *SCNT*, la línea que los separa de lo permitido es muy delgada y peligrosa. De hecho las políticas de la mayoría de los estados de ese país permiten los fondos privados para la investigación de *células madre* a partir de embriones generados en exceso por los tratamientos de *IVF*, aquellos creados con el fin de investigación y los generados por la técnica de *SCNT*. Las elecciones por la presidencia de ese país en el 2004, ponen como punto clave de la plataforma de John Kerry el tema de las *células madre*.

El éxito en el desarrollo de esta nueva terapia médica depende en forma fundamental en la ciencia básica que sobre estas células se genere. El *NIH* es el principal patrocinador de la investigación en salud con un presupuesto en el 2020 de más de 42 billones de dólares. Por años el mayor porcentaje del presupuesto del NIH era destinado a investigación básica, con más del 60%, sin embargo, en los últimos años este porcentaje se ha reducido, mientras por su parte la investigación y desarrollo con fondos privados, en la que la industria farmacéutica es líder, fue en 1990 del 14% del total de su presupuesto y para el año actual se halla alrededor del 18%; en realidad aunque el porcentaje no lo refleja, se paso de 3 billones en 2008 a 8.1 billones en 2014. Por cada dólar invertido por el NIH en R&D (*investigación y desarrollo*), la industria privada gasta 3.

Aunque algunas entidades privadas no lucrativas como el *Howard Hughes Medical Center* apoyan la investigación básica, la investigación privada se centra en aplicaciones de productos con fines lucrativos tales como nuevos fármacos, herramientas de diagnostico o aditamentos médicos que curen, prevengan o detecten una enfermedad. La limitación en los fondos federales para el estudio de *células madre* limitan el progreso, no solo al detener dichos fondos, sino además al limitar el número de científicos que realizan estas investigaciones, ya que aunque en un principio los investigadores pueden aceptar fondos privados para una investigación que se halle sujeta a alguna restricción federal, está no es una opción viable para muchos científicos, ya que el *NIH* puede revocar financiamientos alternos por estar violando restricciones federales.

Existen dos limitantes fundamentales en la investigación en *células madre*; la primera es la referente al aspecto ético-moral; la segunda de ellas es la falta de disponibilidad de embriones de los cuales extraer las células, este último problema podría simplificarse a la falta de disponibilidad de óvulos y de esperma, sin embargo y debido a que un hombre normal en una eyaculación genera entre 20 y 150 millones de espermatozoides, además de que un hombre sano puede eyacular varias veces al día y por último debido al ambiente social y cultural en el que se desenvuelven los hombres adultos, concluimos que él obtener esperma realmente no es una limitante para ninguna investigación; es así que reducimos el problema a la obtención de los óvulos.

Una mujer ovula un óvulo cada mes, siendo que estos aunque se sabe son desprendidos de los ovarios a las trompas de Falopio cercano al día 14 del ciclo reproductivo normal de una mujer, no es fácil él saber exactamente el momento en que esto ocurre, siendo que si se piensa fertilizar *in vitro* un óvulo para obtener un embrión del que se obtendrán *células madre* con fines de investigación, la obtención de óvulos se convierte en el punto crucial, y aquí debemos añadir que él conseguir donadoras de óvulos sanos y fuertes requiere de mujeres jóvenes y sanas, y de preferencia con poca actividad sexual que se sabe incrementa el riesgo de infecciones virales y bacterianas, siendo así que mientras más joven la mujer es, será una mejor opción como donadora de óvulos. Aunado a esto, dichas mujeres deben estar dispuestas a someterse a un tratamiento médico, que incluye desde la hiperovulación estimulada por hormonas que generará efectos secundarios y que además incluirá la extracción en una clínica a través de un catéter de sus óvulos, procedimiento que, aunque no doloroso sí es físicamente molesto y requiere de sedación parcial o total, además del tiempo que la donadora debe dedicarle a esto, el cual no es en conjunto poco. Un último tema a considerar es que la donadora debe tener unos conceptos éticos y religiosos que no le impidan efectuar esta donación. Se añade a lo último que la legislación de los Estados Unidos limita la existencia de estas donadoras y claramente específica que, si dichos óvulos se usarán para investigación en *células madre*, no podrán ser retribuidas de ninguna forma, incluida la económica.

En Estados Unidos ha venido creciendo en los últimos años, el comercio de ciertas partes del cuerpo humano, y aunque en 1984 una ley federal decreto como un crimen el hecho de vender órganos vitales, dicha ley solamente especificaba cuales partes del cuerpo no podían venderse, pero no dejaba tácito con que partes sí podía comercializarse, siendo así que hasta el momento en ese país queda un hueco legal donde es factible la venta de partes humanas con la única condicionante que estas pueden ser remplazadas sin causar un daño mayor. Actualmente la demanda de óvulos se halla en aumento, con un crecimiento anual cercano al 20% y esto a su vez es debido al aumento de la demanda de procedimientos de *Reproducción Asistida* en las clínicas de infertilidad de ese país. De acuerdo con el *Centro de Control de Enfermedades (CDC)* la donación de óvulos creció de 6,600 en 1997 a 10,400 en el año 2000. Para el año 2017, el mercado de clínicas de *IVF* era en Estados Unidos de 2.71 billones de dólares (*Allied Market Research, 2019*), y a nivel mundial de 25 billones.

Estados Unidos es el único país del mundo dónde las reglas del mercado gobiernan el intercambio de gametos y genes. La búsqueda de óvulos se realiza por las cerca de 200 compañías dedicadas a eso a través principalmente de internet. En ese país los precios varían entre las diferentes clínicas, siendo que por lo general se paguen entre 15 mil y 20 mil dólares por la obtención de un óvulo o un embrión dentro de un ciclo de *fertilización in vitro*, siendo que, de este total, aproximadamente entre 12 mil y 17 mil dólares corresponderán al ciclo de *IVF* y los otros 5 mil dólares se usan como compensación a la donante. Es importante hacer notar que ninguna compañía aseguradora cubre estos procedimientos. El precio actual que se paga por los óvulos de una donadora en un solo procedimiento de *IVF* variara entre 3 mil y 50 mil dólares, siendo lo más común entre 5 mil y 8 mil dólares y lo sugerido por la *Sociedad Americana de Medicina Reproductiva* de 5 mil dólares y pagándose mas por aquellos óvulos de mujeres consideradas como biológicamente privilegiadas dentro de los estándares culturales de ese país, es decir con buen potencial físico, belleza y un elevado coeficiente intelectual. Entre un 35 y un 40% de las donadoras son estudiantes universitarias que hacen esto como una fuente alternativa de ingresos. El procedimiento le llevara a la donadora el consumo de mucho tiempo y distintas incomodidades, cómo es la inyección diaria de hormonas, pruebas sanguíneas constantes y ultrasonidos por un periodo de tiempo de entre 20 y 25 días. Una vez que los óvulos se hallan maduros, la donadora deberá someterse a una cirugía menor. Además de lo anterior existen diferentes riesgos inherentes al tratamiento, entre los que se halla el *Síndrome de Hiperestimulación Ovárica* que, entre otras consecuencias presenta la posibilidad de llevar a la hospitalización a la paciente.

Actualmente algunas investigaciones científicas buscan el desarrollo de óvulos *in vitro* eliminando el riesgo inherente al uso de hormonas en la mujer, así mismo el perfeccionamiento de la tecnología para congelar óvulos permitirá utilizar aquellos óvulos obtenidos en un solo procedimiento de hiperestimulación, disminuyéndose la necesidad de nuevos procedimientos; sin embargo y si la tecnología referente a la clonación humana llegara a ser permitida, la demanda de óvulos en los países en los que se legisle se vería en aumento. Por otra parte el mercado de bancos de esperma en Estados Unidos no es nada en comparación al de óvulos; un donador no recibe más de 75 dólares por una muestra. Pese a las consideraciones éticas y morales, en 2006 existían 9 clínicas en el mundo que ofrecían sus servicios de tratamiento con células madre, actualmente son al menos 540.

Como conclusión enfatizamos que la investigación en *células madre* es una terapia médica que promete dividendos extraordinarios, pero que requiere de una alta cantidad de estas células para que sea efectiva y plausible, y esto a su vez hace necesario la disponibilidad en una alta cantidad de embriones, para los que a su vez es necesario la disponibilidad de un alta cantidad de óvulos, para lo que es requisito la disponibilidad de una alta cantidad de mujeres que puedan y quieran estar dispuestas a ser donadoras.

A no ser que:

*Hay mariposas muertas en las aceras de mi país.*

*Ay, cómo pasa el tiempo, mi viejo amigo dentro de mí,*

*una lenta procesión de esperanzas que se van...*

*incomunicado sin poder hablar.*

*V. Heredía*

# SEGUNDO VERSO

*Mestizos, tíos e indígenas.*

México no ha sido un pionero en investigación de este tipo de células, ni en técnicas de reproducción, de hecho, las primeras clínicas de *IVF* surgen muchos años después. De lo que si fue pionero y punta de lanza desde inicios de 1993 y hasta mayo del 2005, -12 años después- fue que convirtió una ciudad fronteriza del norte del país, en el lugar mundial dónde más asesinatos sistemáticos, continuos, inhumanos, sin un claro objetivo se han realizado, sin estar estos vinculados a la guerra, una religión, al crimen organizado, al narcotráfico o a la política. México fue punta de lanza en la brutalidad con que estos crímenes se cometieron, nunca se habían cometido tantos y de esa forma. Al menos 400 mujeres se hallaron muertas y otras 400 fueron reportadas como desaparecidas.

México también fue punta de lanza en la manera en que estos crímenes se abordaron y se investigaron por las autoridades de todos los niveles del país, desde los policías que delimitaban los sitios de hallazgo, hasta la actuación de los dos presidentes en turno. Las autoridades estatales y federales demostraron los mas altos estándares de incompetencia, desinterés, abuso, corrupción y complicidad. Con las acciones de un grupo de asesinos y varios de estos políticos, Ciudad Juárez en Chihuahua se convirtió en un lugar de fama mundial.

Cuando uno habla de la forma en que estos asesinatos sucedieron, es difícil encontrar desequilibrio en la balanza mental cuando te cuestionas, por un lado, el peso que ejerce lo injusto de su muerte, contra el contrapeso que surge de la desesperanza de lo que se hizo con ellas antes de morir. Un gran número de ellas fue sujetas a la violencia sexual más irracional conocida y que hasta ese momento era inconcebible.

## *Asesinatos seriales*

*Asesinato:*

*El asesinato se define como la forma ilegal de acabar con una vida humana. Es una acción que concluye con una vida dentro del contexto del poder, la ganancia personal, la brutalidad y en ocasiones la sexualidad. El asesinato es una subcategoría del homicidio, mismo que a su vez incluye el tomar una vida humana de forma no premeditada y/o consciente y que puede ser producto de un accidente o simplemente autorizado por la ley (Megaree, 1982).*

Por definición un asesino en serie es aquel que más de una vez comete un asesinato, siendo que ambos no están relacionados entre si y que ocurran en diferente tiempo y generalmente en diferente lugar. Así mismo la mayoría de los asesinos en serie, sin importar la cultura en dónde se desarrollaron o asesinen son hombres jóvenes entre los 25 y 35 años. Entre las características que distinguen a un asesino en serie, es que por lo general atacan a personas fácilmente accesibles, lo que significa que la víctima no provoca al asesino sino simplemente esta se halla en el lugar equivocado en el momento equivocado (Holmes y De Burger). Además, por lo general no existe ningún motivo material que impulse a cometer el crimen, sino que más bien son del tipo simbólico, o debido a lo vulnerable que en ese momento es la víctima y en ambos casos es estimulado por el poder ejercido o generado a través de dichos crímenes, y por la catarsis que dé estos actos puede surgir. Sin embargo, los asesinatos seriales generalmente son premeditados, incluyen algún tipo de fantasía de tipo ofensivo e incluyen un plan detallado, así mismo los asesinos seriales generalmente eligen un tipo de víctima en particular y usan lugares para llevar a cabo esto, elegidos con premeditación.

Un homicidio sexual envuelve un elemento o actividad sexual como la base de la secuencia de actos que concluirá con la muerte. El desarrollo y el significado que este elemento juega variara de agresor a agresor y puede incluir desde la penetración al efectuar una violación y donde está puede ocurrir antes o después de la muerte, hasta un ataque sexual simbólico, como la inserción de objetos extraños dentro de los orificios del cuerpo de la víctima.

Los crímenes sexuales no son obra de desviados individuales, enfermos mentales o anomalías sociales, sino expresiones de una estructura simbólica profunda que organiza nuestros actos y nuestras fantasías y les confiere inteligibilidad (Segato, 2004).

Cuando se utiliza el término organizado referido al agresor en un homicidio sexual, este se refiere al acto criminal como tal, después del exhaustivo análisis de la víctima y de la escena del crimen, incluidos los reportes del forense, e indica aspectos comunes a un agresor organizado, tales como aquel que aparentemente planea sus crímenes, quien identifica a sus víctimas y de quien ejerce control en la escena del crimen. Un comportamiento metódico y ordenado puede observarse en estos casos en todas las fases del crimen. Además, por lo general las víctimas de un homicida de índole sexual organizado son mujeres. Las víctimas generalmente no son conocidas por el agresor, pero son elegidas porque cumplen con ciertas características, mismas características que se descubren después de que ocurren varios asesinatos. La víctima es identificada en la locación o lugar en dónde el asesino se halla presente, siendo de esta forma que son víctimas de oportunidad. En este tipo de asesinatos organizados generalmente ocurren múltiples escenas del crimen, es decir aquel dónde ocurre el contacto inicial con la víctima y posiblemente el ataque, el lugar donde sucede la muerte y el sitio dónde es abandonado el cuerpo, mismo que generalmente es familiar al agresor; por otra parte, y en tanto a los métodos usados para asesinar en este tipo de crímenes de índole sexual, la estrangulación es comúnmente utilizada.

Por su parte un asesinato de índole sexual desorganizado generalmente confronta, ataca, asesina y abandona el cuerpo en el mismo sitio. El nivel de organización o desorganización que existe en una escena del crimen generalmente dice mucho acerca de la sofisticación del asesino, incluido el nivel de control que logro tener sobre la víctima y sobre la predeterminación que pudo haber existido, sin embargo, por lo general ninguna escena de crimen es completamente organizada o desorganizada.

## *Zozobras y sobras*

Al día de hoy la investigación de los casos de estas mujeres ha pasado por la *Procuraduría General de Justicia del Estado de Chihuahua*, la *Subprocuraduría de Justicia de la Zona Norte*, la *Procuraduría General de la República*, la *Fiscalía Especial para la Investigación de Homicidios de Mujeres (FEIHM)*, la *Comisión Especial para Prevenir y Erradicar la Violencia contra las Mujeres en Ciudad Juárez*, la *Policía Federal Preventiva*, el *Centro de Investigaciones de Seguridad Nacional*, el *FBI (Federal Bureau of Investigations)*, un grupo interdisciplinario de peritos en la materia de toda la República, antropólogos forenses y forenses de universidades estadounidenses, Robert Ressler, ex agente del *FBI* y famoso por sus investigaciones fructíferas en casos de asesinatos seriales, otros criminólogos nacionales e internacionales y aunque tardíamente también la *Presidencia de la República* y la *Secretaría de Gobernación*.

Sobran los ejemplos en donde la recopilación y documentación de las pruebas fue realizada de forma pobre y mediocre por parte de las autoridades responsables. Así también, las investigaciones omitieron el seguimiento según las bases y protocolos de un procedimiento de investigación, tales como asegurar y proteger la escena del crimen, la búsqueda preliminar, las descripciones narrativas y las fotografías de la escena, la búsqueda de huellas dactilares u otro tipo de huellas recientes, la meticulosa búsqueda de pistas y su recolección, la conservación y documentación sistemática, la relación y compaginación de los distintos casos en cuanto a los tiempos de desaparición y muerte, la documentación clara y científica sobre los hallazgos de los cuerpos y los lugares donde estos fueron encontrados, etc.

*"Una vez descartado lo imposible, lo que queda, por improbable que parezca, debe ser la verdad"*

*A. C. Doyle*

# TERCER VERSO

## ¿Cuál es la aguja en la paja?

En el 2003 se informo en los medios de comunicación, que la *Procuraduría General de la República* a través de la *Unidad de Delincuencia Organizada* anunciaba la posibilidad de que, al menos en catorce de los cuerpos, pudo haber ocurrido el delito federal de *tráfico de órganos*. Sin embargo, este anunció sembró dudas en lo referente a las investigaciones forenses, ya que en ninguna de ellas se reporto la falta de órganos en alguna víctima.

Muchas de las mujeres fueron secuestradas y mantenidas en cautiverio durante días. Además, algunas de ellas vestían ropa que no eran de ellas e incluso que eran de alguna otra mujer desaparecida.

Así también las víctimas antes de ser asesinada fueron sometidas a diferentes grados de violencia sexual, llegando esta a ser extrema. Entre las agresiones sufridas, se halla la mutilación de senos. La violencia a que fueron sujetas durante su asesinato, que va más halla de lo perverso, del odio y en definitiva del comportamiento de un asesino, hace parecer está como totalmente armada, para desviar la atención pública hacía teorías de mayor acogimiento por las personas y los medios de comunicación, es decir: narcosatanicos, videos snuff, pactos entre narcotraficantes, etc.

Muchas mujeres han desaparecido de Ciudad Juárez y de la ciudad de Chihuahua y no han sido a la fecha halladas vivas, ni identificados sus cuerpos. Distintas organizaciones no gubernamentales reportan él número de estas mujeres desaparecidas en cuatrocientas. Por ejemplo, *Amnistía Internacional*, reporta setenta y cinco mujeres asesinadas en 10 años y que no han sido identificadas.

Una mujer ovula cada 28 días, generalmente entre el día 12 y 16 de su ciclo, y normalmente un solo óvulo. La fecha aproximada de ovulación puede ser calculada a partir de niveles hormonales en sangre. Las mujeres pueden ser sujetas a través de la inyección de hormonas a la hiperovulación, con un promedio de entre 8 y 12 óvulos maduros, así como a un mejor control del momento de la ovulación. Un procedimiento de *fertilización in vitro* lleva casi un día. Una mujer secuestrada puede estar en espera de su próximo ciclo ovulatorio de 1 a 28 días, que coincide con los tiempos en que estas mujeres han sido secuestradas. Doscientas mujeres secuestradas y sujetas a hiperovulación por un solo ciclo, da un total promedio de dos mil óvulos. Las tasas de embarazos clínicos logrados por *IVF* son muy variadas y dependen de varios factores, reportándose rendimientos al inicio del siglo pasado en el rango de entre 20 y 40%, y actualmente entre 50 y 60%, siendo lo mas común 70%. En este documento consideramos la tasa promedio de resultados positivos en *fertilización in vitro*, cercanos al 30% en los años 90 y 2000, dando por tanto, un total de seiscientos embriones listos para investigación. Si esos seiscientos embriones, se obtienen de forma paulatina, tal y como una investigación lo este requiriendo, no se necesitará entonces congelarlos todos, ni por tanto tiempo. Es sabido que los óvulos de una mujer sufrirán disminución y degeneración mes con mes, además de que, durante el proceso de congelamiento, estos son cada vez menos viables; debido por una parte al proceso de descongelación como tal, y por otra a la formación de cristales dentro de las células; siendo entonces, que la tasa de embarazos clínicos utilizando embriones en congelación es reportada actualmente como cercana al 30%, siendo este número mucho menor para el caso de nacimientos reales. Como contraparte, algunos reportes señalan la tasa de embarazos clínicos para el caso de la congelación de óvulos, como cercana al 36%, aunque cabe mencionar que existe bastante divergencia en diversas instituciones y reportes, respecto a ese número. La tasa de éxito a fin de siglo pasado con embriones en congelación era del 7-10%. Actualmente se sabe además que es factible la conversión *in vitro* de células ováricas fértiles, en óvulos (*Bukovski, 2005*); es probable, por tanto, que los anteriores hechos ayuden a explicar de alguna manera, el congelamiento que aparentemente ocurrió en algunos de los cuerpos. Seiscientos embriones en 13 años, da un promedio de cuarenta y seis embriones al año, cuatro embriones al mes y un embrión a la semana. Las investigaciones en esa época reportaban rendimientos del 2 al 14% para la obtención de nuevas líneas de *células madre* a partir de embriones, siendo así que se pudieron obtener teóricamente de 12 a 84 líneas celulares, números adecuado para la experimentación, y generación de líneas celulares estables y estadísticamente validas.

La aparición sistemática de grupos de mujeres juntas ya sea en tiempo, o en el mismo lugar, o con las mismas marcas físicas, lleva a pensar que esos grupos fueron sometidos a la misma situación y desechado al mismo tiempo, tal y como ocurriría con un experimento llevado bajo las mismas condiciones, y controlando las mismas variables. Así mismo la recurrencia en los fenotipos de estas mujeres lleva a pensar una vez más en un grupo experimental.

Algunos casos presentaron evidencia de un líquido blanquecino similar al semen hallado en la vagina de la víctima. La congelación de óvulos y embriones utiliza agentes crioprotectores, entre los mas comunes se hallan, el glicerol, etilen glicol y una mezcla de propanodiol-sacarosa. Estos agentes protectores son sustancias viscosas y con densidades mayores al agua; en el caso del glicerol y el etilen glicol estos serán de color transparente y en el caso de la mezcla propanodiol-sacarosa, esta será blanquecina.

Los asesinatos de estas mujeres en Ciudad Juárez no muestran relación con ninguna forma de actuar conocida de un asesino serial, por lo que descartamos que estos asesinatos puedan ser catalogados como asesinatos seriales, al menos tal y como estos se conocen.

La idea sustentada en el presente documento es que: un gran número de mujeres asesinadas en las ciudades de Ciudad Juárez y Chihuahua de 1993 al 2005 fue realizada como parte de un experimento relacionado con sus órganos reproductivos. La experimentación a que estas mujeres pudieron ser sometidas, se realizo básicamente utilizando los óvulos de estas mujeres, y donde muy probablemente, fueron la materia prima para generar líneas celulares de *células madre*.

Durante la experimentación realizada pudieron haberse utilizado grupos experimentales, compuestos por varias mujeres. Además, se han usado óvulos de mujeres de forma intermedia a esos grupos, como ensayos de verificación o control.

Los responsables de la experimentación y la muerte de estas mujeres, es un grupo conformado por varias personas, y en donde, en la mayor parte de estos doce años, ha estado altamente organizado, con suficientes recursos económicos, y poder en el estado de Chihuahua, y quizás también en los Estados Unidos. La parte experimental fue llevada a cabo por una o más personas capacitadas en algunas de las siguientes áreas; medicina, reproducción, embriología, biología celular, histología, biología molecular, bioquímica, etc. Los asesinatos y la tortura de las mujeres fue llevada a cabo por personas diferentes, pero pertenecientes, o contratadas por la misma organización. Los asesinatos fueron llevados durante este periodo de doce años, al menos por tres grupos de asesinos, actuando de forma alternada y casi nunca durante el mismo periodo de tiempo.

*"...La exposición no podía menos de interesar a cualquier especialista de lo peor que ha dado el género humano.*
*Pero la esencia de lo peor. El autentico estiércol del diablo de la Humanidad, no se encuentra en la doncella de hierro o en el potro; el horror elemental se encuentra en el rostro de la multitud"*

*T. Harris*

# CUARTO VERSO

Según las palabras de Laura Segato, "en Ciudad Juárez se perciben todos los crímenes contra las mujeres como un smoke-screen, una cortina de humo cuya consecuencia es impedir ver claro un núcleo central que presenta características particulares y semejantes. Es como si círculos concéntricos formados por una variedad de agresiones ocultasen en su interior un tipo de crimen particular, no necesariamente el más numeroso pero sí el mas enigmático por sus características precisas, casi burocráticas: secuestro de mujeres jóvenes con un tipo físico definido y en su mayoría trabajadoras o estudiantes, privación de la libertad por algunos días, torturas, violación 'tumultuaria',....mutilación, estrangulamiento, muerte segura, mezcla o extravió de pistas y evidencias por parte de las fuerzas de la ley, amenazas contra abogados y periodistas, presión deliberada de las autoridades para culpabilizar a chivos expiatorios a las claras inocentes, y continuidad ininterrumpida de los crímenes de 1993 hasta hoy".

Comenzando el año 1993 (hace ya casi treinta años) y al menos hasta el 2005, sucedieron en el norte de México, específicamente una ciudad fronteriza con Estados Unidos, llamada Ciudad Juárez una serie de crímenes atroces, numerosos, y con características exageradamente peculiares, que llevaron a la ciudad a ser un lugar icónico y de referencia mundial.

Después de doce años de violencia contra mujeres, se convirtió en el principal lugar del mundo dónde fueron documentados más asesinatos ocurridos en forma sistemática y continúa y que además no estaban vinculados con el crimen organizado, la guerra, la religión o la política.

Más de 400 mujeres fueron halladas muertas y al menos otras 400 fueron reportadas como desaparecidas. Pero aun más desesperanzador respecto a estas muertes es que gran número de ellas hayan sido sujetas a la violencia física y sexual más irracional antes de ser asesinadas.

Por último, podemos decir que, al día de hoy, después de 27 años y al menos 400 muertas, las autoridades mexicanas no tienen ni una sola pista que les permita saber algún día que fue lo que en realidad sucedió, mucho menos hallar un culpable.

En el año 1993 cuando comenzaron a aparecer cuerpos y desaparecer mujeres, Francisco Barrio Terrazas del partido azul y blanco era el primer gobernador de un partido diferente, después de 70 años de gobierno del *per semper* PRI (*Partido Revolucionario Institucional*), en ser elegido para dirigir un estado problemático, el más extenso de la República Mexicana y con vecinos a Texas y Nuevo México del lado estadounidense y a Sonora y Coahuila del lado mexicano. Juárez fue desde finales del siglo XIX, la primera ciudad fronteriza a la que llego el ferrocarril, mismo que venía desde la Ciudad de México y del que una vez atravesado el río Bravo, podías conectar desde El Paso, Texas con todo el país vecino. Eso lo convirtió desde sus inicios en un lugar de convergencia de contrabandistas, maleantes, prostitutas, migrantes, trabajadores, viajeros y con el tiempo además maquileros, narcotraficantes, artistas, polleros, entre muchos más. Con ese movimiento de personas e intereses, no le costó convertirse en el corazón económico y latente del estado, y en dónde la mayor población vivía. La capital Chihuahua, por su parte se hallaba enfocada en los servicios, la maquila y las dependencias gubernamentales que daban servicio a los sesenta y siete municipios del estado. Un estado en el que se asientan poblaciones importantes de menonitas y tarahumaras y cuyas otras actividades económicas importantes y legales incluyen la agricultura y el turismo. Dentro de las ilegales el tráfico de drogas es por mucho la más importante.

Barrio, amigo de quién también unos años después fuera el primer presidente de oposición en el país; fue el responsable de las indagatorias iniciales en las primeras mujeres halladas y las que siguieron hasta 1998 cuando dejo el cargo, cinco años después. En su mandato ocurrieron al menos 116 asesinatos de los que el Sr. Barrio no supo detener, investigar, ni reducir; sin embargo lo que si hizo, fue compartir con las madres y padres adoloridos y destruidos que desde su más profunda intuición "él sabía que estas niñas y mujeres eran o prostitutas o niñas descuidadas por su familia", comentarios tan hirientes, ignorantes y descuidados que le valieron más adelante varios ascensos dentro de un partido con valores humanistas y cristianos, como el de Secretario de Contraloría y Desarrollo Administrativo de México y Embajador en Canadá.

La primera mujer es hallada apenas un año antes de los dos sucesos más importantes en la historia actual del país. La crisis económica ocurrida por el desfalco y malversación del presidente en turno, y el levantamiento en armas del Ejercito Zapatista de Liberación Nacional

(*EZLN*). Realidades, ambas que situaron las cámaras fotográficas y los equipos de video de cadenas televisivas y periódicos de todo el mundo en nuestro país, periodistas que, mientras escudriñaban de forma exhaustiva el tumor que había crecido durante setenta años de gobiernos abusivos, incompetentes y déspotas, en el cuerpo y alma de millones de mexicanos pasivos e indolentes, entendieron al menos en parte el tejido de una ciudad sin dueño, abandonada en el espacio intermedio y oscuro de querer ser Estados Unidos y de no querer ser México.

Los años 90 significaron un crecimiento anual constante de la migración mexicana y centroamericana hacia los Estados Unidos. Para el año de 1990, solo el número de mexicanos en ese país era de 4.4 millones. Entre 1980 y 1990 entraron 219 mil mexicanos al año. Para el periodo comprendido entre 1990 y 2000, se estima que 428 mil connacionales ingresaron a Estados Unidos de forma anual.

Pasar a los Estados Unidos nunca ha sido fácil, llegar desde Guatemala, Honduras, el Salvador o desde la sierra Veracruzana o la selva Chiapaneca, a través de los más de 2,700 kilómetros que hay entre el río Usumacinta y Cd. Juárez, no es solo la travesía que cualquier viajero común pudiera trazar en sus mentes, este viaje no incluye paraderos con baños ni snacks, el auto se llama *la Bestia* (son varios de hecho) y es un ferrocarril generalmente propiedad de cuatro compañías: *Kansas City Southern, Ferromex, Ferrosur y Ferrocarriles del Itsmo* que transporta carbón, granos, automóviles, etc. y en el que el baño, es uno de los vagones, y si en este se transportan autos, que mejor, un auto es un cagadero perfecto que contiene los residuos de los más de cuatrocientos mil migrantes que anualmente montan su lomo con sus sueños, esperanzas, pero también con muchísimo miedo.

Muchos de ellos como entretenimiento para pasar las horas, se preguntan a que le tienen más miedo; por un lado, al haber dejado atrás el único mundo que conocen, es decir: su pueblo, su comida. Su familia. Y al que saben que quizás nunca regresen. Por otro lado, el miedo al tren del infierno cuyo nombre lo describe en sus más de treinta vagones de los que si se descuidan mientras duermen, pueden caer y acabar con su viaje y generalmente con su vida, si no se caen tienen que someterse a los robos, a los golpes, a las violaciones y últimamente por qué no al secuestro, extorsión y tráfico de personas. Todo esto realizado sí es verdad por miembros del crimen organizado, pero quienes en su momento fueron adoctrinados por miembros del ejercito mexicano, del *Servicio Nacional de Migración*, polleros y por delincuentes comunes. Las niñas y mujeres que suben a la *bestia*, debieron previamente haber tomado pastillas anticonceptivas, para no quedar embarazadas de las múltiples violaciones que en su trayecto van a sufrir.

Pero esta también el último miedo, ¡lograrlo!, tener éxito en alcanzar el objetivo, llegar a residir en un país que te desprecia, en una ciudad que no te quiere, un país que no te entiende ni entiendes, en la que hablan un idioma nuevo y difícil para ti, en el que no se come lo que tú conoces y que además es preparado en una cocina sinsabor, grasienta, salada y para colmo; sin picante. Compraste un boleto en viaje del terror para algo que en realidad no quieres, ni te gusta, pero que sabes que es mejor que lo que dejaste atrás.

Algunos, varios, logran hacer la travesía y llegar a Cd. Juárez, en un recorrido de más de tres semanas que costaba en el 2001, entre 5 y 8 mil dólares, encima de la locomotora del miedo. Este miedo no es el único por el que se paga; en el negocio del miedo hay diferentes atracciones, como ejemplo: en la ciudad de Alabama, existe en el pueblo de Summertown, una casa de terror en la que se ofrece un premio económico de 20 mil dólares, si logras estar en ella una noche entera, una noche en la que seguramente muchos pasajeros de la *bestia* tendrían éxito con poco esfuerzo. Si se les permitiera pasar la noche en la llamada Mansión McKamey -cuestión que de entrada les sería negada por no poder entregar la documentación que se solicita para participar-, esa experiencia que ha logrado, por cierto 80 mil firmas en *change.org* solicitando su cierre, no se compararía al temple y carácter que requerirían si quisieran residir por una temporada en dicho estado. Alabama el estado número 22 en unirse a la Unión Norteamericana; que a partir del 2011 y mediante su ley Beason-Hammon (HB 56) imparte un trato abusivo y discriminatorio a los residentes sin documentos que, entre otras cosas, hace muy difícil tener acceso a viviendas, educación y servicios básicos. La intención de la ley era hacer la vida de los migrantes inhóspita en Alabama, haciendo tributo a las deplorables acciones que en 1963, realizara su comisionado de Seguridad Pública Theophilus Connor ("Bull" Connor) líder xenófobo que fomento el racismo institucional y aprobó la brutalidad policiaca durante a las movilizaciones pacíficas de los derechos civiles de afroamericanos, atacando a los manifestantes con perros, palos y con chorros de agua a alta presión, y que en palabra de Martin Luther King convirtió al estado en "el lugar con mayor segregación de América".

Alabama es uno más de muchos estados que han hecho lo posible por limitar o detener la permanencia de mexicanos y centroamericanos al hacer que su vida dentro de ellos sea de enorme dificultad; la estrategia ha sido la promoción de la segregación y el acoso. Todo esto dirigido desde la administración más opresiva que han vivido las minorías de ese país en los últimos tiempos, a cargo del único presidente de los Estados Unidos desde 1980 que puede vanagloriarse de no haber iniciado ninguna guerra fuera de su país y que en cambio y con mucho orgullo propio, logro desatarla dentro de él.

Trump no fue el primero, ya en 1986 Reagan con la Ley de Reforma y Control de la Inmigración (IRCA) establecía políticas enfocadas a regular y manejar el flujo migratorio, por un lado, al penalizar a aquellos empleadores que contrataran trabajadores sin documentos migratorios, pero por otro, facilitando la obtención de estos al 60% de los cinco millones de indocumentados presentes en ese momento en el país.

Durante la gestión de Clinton en 1996 se aprobó la ley de Reforma de *Inmigración Ilegal y Responsabilidad de Inmigración (IIRIRA)*, ley que hacía que aquellos residentes que habían estado residiendo de forma ilegal en el país durante seis meses o un año, automáticamente y por esa razón perdían el acceso a visas temporales o permanentes, aunque pudieran probar que sus familiares inmediatos eran residentes del país, esta ley impidió que muchos antiguos residentes de Estados Unidos pudieran volver a salir del país, ya que la ley era aplicada al intentar el reingreso. Las costumbres migratorias latinoamericanas hasta ese momento funcionaban de manera que los residentes ilegales, pasarán temporadas en sus países de orígenes junto a las familias que habían tenido que dejar atrás, la ley Clinton, entre muchas otras tragedias favoreció aun mas la ruptura familiar ya existente, muchos inmigrantes no volvieron a ver jamás a madres, padres, esposas e hijos. La ley también aceleraba la deportación inmediata de cualquier residente ilegal que hubiese cometido un delito, por menor que este fuera. Fundamentalmente la ley *IIRIRA* criminalizaba el trabajo indocumentado en el país, y en su sección 505 prohibía el acceso de estudiantes a educación superior. Cerca de un 40% de los latinos en Estados Unidos pese a las leyes que les impiden o complican regresar a sus países de origen por una temporada, mantienen una vivienda en dichos países. Siempre con la esperanza de que se les permita eventualmente salir y regresar.

Ya en el año 2001, los senadores de Illinois y Utah, Durbin y Hatch, propusieron la ley Dream Act (S 1291), en la que proponían un proceso para obtener una migración temporal que con el tiempo derivara en una permanente, esta propuesta fue rechazada múltiples veces. Fue hasta el 2010 que la versión revisada HR 6497, de la ley fue por fin aprobada en la cámara de representantes, mas no así en el senado.

Durante años se realizaron diferentes modificaciones a las misma con el objetivo de ser aprobada, por ejemplo en el 2006 se propuso la Ley *Dream Act, S 1545*, en la que se plasmaba la opción de dar la ciudadanía a estudiantes estadounidenses que hubieran entrado al país de forma ilegal, siendo aún menores de edad. Esta ley revocaría la sección 505 de la ley Clinton, *IIRIRA*, que permitiría a los estudiantes latinos, aplicar para educación universitaria, pagando las tarifas que pagan los estudiantes estadounidenses y no las tarifas (en ocasiones tres veces mayores) que pagaban como estudiantes extranjeros, así mismo podrían obtener mientras estudiaban visas de residentes temporales, que podían sustituirse una vez graduados por la residencia permanente. Aplicaba también para los jóvenes que hicieran su servicio militar. La propuesta de ley paso varias veces mas por el senado y la cámara sin que llegará tampoco a ser aprobada.

La falta de consenso federal, llevo a varios estados a promulgar sus propias versiones de la misma y a aprobarlas, entre ellos California, Illinois, Texas, Kansas, Massachusetts, Maryland, Minnesota, Nebraska, Nueva Jersey, Nuevo México, Nueva York, Oregon, Utah, Washington y Wisconsin. Fue en el año 2011 que California e Illinois marcaron la pauta en tanto a leyes a favor de inmigrantes. En julio fue promulgada la ley Dream de California, en la que además de las prerrogativas de la iniciativa de ley federal; estudiantes inmigrantes podían acceder a apoyos financieros para estudiar en escuelas públicas. Un mes después el estado de Illinois autorizo también un plan de becas privado para hijos de inmigrantes, fueran estos documentados o indocumentados. El siguiente año Nueva Jersey aprobó también la ayuda financiera para estudiantes universitarios inmigrantes.

La ley federal de Estados Unidos exige a todos los estados brindar educación primaria y High school (los cuatro años previos a la universidad), sin importar el estado migratorio del alumno, la ley no aplica para nivel universitario, es decir que para el 2018 había 650 mil graduados de High school que no tenían acceso a continuar su educación. La derogación de la sección 505 de la *IIRIRA* permitía a los estados asignar los fondos educativos de educación superior, situación que permitió también a muchos de ellos negárselos a los estudiantes sin documentos migratorios.

En virtud de la falta de consenso en el congreso para aprobar las propuestas de leyes migratorias como la Dream Act, en el 2012 bajo la administración de Barack Obama se creo el *DACA* (Acción Diferida para los llegados en la infancia) que aperturaba opciones legales para los inmigrantes llegados antes de los dieciséis años al país, entre otras cosas los protegía contra deportaciones al menos de forma temporal, así también se autorizaban permisos de trabajo hasta por dos años. También daba acceso a los residentes ilegales a tener un número de seguridad social, un permiso de conducir, la obtención de créditos y compra de vivienda, educación, apertura de negocios, entre otros. Al ser una acción ejecutiva de Obama, la llegada de Trump en 2017, hecho para atrás de la misma manera este programa.

Los beneficios alternos de la ley DACA (*Deferred Action for Childhood Arrivals*) al permitirles a los 2.1 millones de estudiantes, tener acceso a una educación universitaria, se incluyen el de ingresar a la economía más de 329 billones de dólares, y crear para el 2030 más de 1.4 millones de nuevos empleos.

En 2019 sin embargo la Ley Dream (American Dream and Promise Act, H.R. 6) fue aprobada en una votación cerrada por 237 *vs* 187 votos, permitiendo que más de 2 millones de inmigrantes adscritos a los programas *DACA, TPS*

(*Estatus de Protección Temporal*) y DED (*Partida Forzada Diferida*) puedan obtener la ciudadanía.

Aquellos que después de los abusos, violencia y discriminación ejercida por mexicanos, logran llegar a Cd. Juárez están apenas terminando la primera etapa de un objetivo mucho mayor; ahora se presenta un reto monumental, cruzar la frontera y no ser asaltado, violado, golpeado, detenido o muerto por los grupos de civiles armados que tienen autorización para detener a los migrantes, y que en ocasiones lo hacen un deporte enfermo y torcido. Un salvadoreño puede evitar una bala de una AK-47 fabricada en Florida y disparada por un miembro MS-13 -conocidos como Mara Salvatrucha- en San Salvador y sin embargo ser muerto por la espalda por un arma hermana, del mismo lote en el desierto de Texas, disparada por un miembro de un grupo hermano en muchos sentidos a los MS-13 conocidos como supremacistas blancos.

Los que no logran pasar, que son detenidos y deportados por la patrulla fronteriza se preparan para intentarlo de nuevo, pero pasar es caro; haber llegado hasta ahí probablemente les costó años de ahorro y todo lo que pudieron vender y todo lo que les pudieron prestar. La mayoría no tiene para volver a intentarlo. Hay que trabajar y volver a juntar los cinco mil dólares que te cobra el pollero, así que hay que emplearse en la ciudad y establecerse. De esta forma es como Ciudad Juárez paso de los setecientos ochenta mil pobladores a inicio de los años 90 al millón doscientos mil que tenían al inicio del nuevo siglo y los cerca de millón y medio que son en la actualidad. Gente que se contrataba entre otras cosas en los diferentes trabajos temporales y mal pagados de la ciudad, como en la maquila.

Alma, Angélica, Verónica, Lupe, Mireya, Tomasa, Esmeralda, Rocío, Lorenza, Donna, Gladys, Mina, Martha, Diana, Susana, Norma, Rosalbi, entre muchas otras.

Raptadas, Golpeadas, violadas, estranguladas. A veces, mutiladas, calcinadas, acuchilladas. Retenidas por varios días.

Todas jóvenes, todas delgadas, todas bellas.

Todas.

Ninguna.

> Yo fui enviada desde el poder
> y he venido a aquellos que reflexionan sobre mí,
> y he sido hallada entre aquellos que me buscan.
> Consideradme, aquellos que reflexionáis sobre mí,
> y vosotros que oís, oídme.
> Aquellos que me aguardáis, llevadme a vosotros.
> Y no me perdáis de vista.
> Y no hagáis que vuestra voz me odie, ni vuestro oído.
> No me ignoréis en ningún lugar ni en ningún momento.
> ¡Estad en guardia!
> No me ignoréis.

## 1993

Desde siempre la maquila significo la principal fuente de empleo en la ciudad, pero a partir del programa de industrialización de la frontera norte, era fácil emplearse allí, o en los varios empleos que dé esta actividad económica se desprendían. Vivir en Juárez antes de la violencia no era fácil. La economía allí pese a ser la mejor del estado, no se ve reflejada en su infraestructura ni en sus servicios, sin embargo, la gente se adapta, hace su vida y aún en 1993 era confiada.

El primer año algunas de las mujeres eran raptadas en los trayectos de su casa a la escuela, o de la escuela y el trabajo a sus casas. Los asesinos las buscaron jóvenes y probablemente ellos también lo eran. Varias eran altas. La relación entre las muertes, las maquilas y colegios era constante. La primera fue asesinada en mismo lugar en dónde la retuvieron. Tuvieron que cargarla, zapatos también, para abandonar el cuerpo (y los zapatos). Estaban aprendiendo y trataron de ya no cometer ese error.

Los asesinos eran noveles y corregían sobre la marcha, a partir del segundo asesinato, en el que, por cierto, como se repetirá en otras ocasiones la mujer estaba embarazada, se esforzaron por matar en donde pensaban arrumbarlas. Este año y en general durante los doce años que siguieron, el grupo de edad que escogieron fue entre los 10 y los 19 años -mujeres reproductivamente jóvenes y plenamente sanas, con poca actividad sexual acumulada y por tanto menor riesgo de infección, como las del virus del papiloma humano, o la clamidiosis, así también como un menor número acumulado de mutaciones en sus ovarios, y una menor degeneración de óvulos-. Varios cuerpos fueron abandonados en zonas cercanas entre ellas y el río Bravo, el pedacito de agua de entre 5 y 15 metros de ancho que separa los sueños de las realidades, las intenciones de las acciones, la pobreza de la abundancia, al deseo de la satisfacción.

Este año, el primero, una de ellas fue abandonada en las inmediaciones de una preparatoria (*Altavista*), otra raptada después de salir de la secundaria (*Técnica 27*) y depositada atrás de una universidad (E*scuela Superior de Agricultura Hermanos Escobar*). En el futuro las escuelas serán una constante. No llegaron a vivir realmente, aunque lo que vivieron, fue la mejor parte.

Así también comienzan a surgir mujeres que trabajaban en distintas maquilas. Es sabido que las maquiladoras en Ciudad Juárez atentan en contra de los derechos de los trabajadores y en muchos de los casos las empleadas son víctimas del abuso de autoridad de los supervisores y de los departamentos de recursos humanos. Por ejemplo, una práctica frecuente en esa época por parte de estas personas era la de exigir cada mes a sus empleadas la muestra de sus toallas sanitarias como prueba de que no existe embarazo y de esta forma la empresa se blinde de posibles erogaciones por maternidad, así como por la falta de la trabajadora a sus labores por varios meses.

Un dato más: en al menos dos cuerpos hasta este momento se hallo en sus órganos genitales un fluido similar al semen, blanco y viscoso que no lo era. Esto se repetirá también en otros cuerpos en el futuro.

>Porque yo soy la primera y la última.
>Yo soy la honrada y la despreciada.
>Yo soy la prostituta y la santa.
>Yo soy la esposa y la virgen.
>Yo soy la madre y la hija.
>Yo soy los miembros de mi madre.
>Yo soy la estéril
>y muchos son mis hijos.
>Yo soy aquella cuya boda es grande,
>y no he tomado esposo.
>Yo soy la partera y aquella que no da a luz.
>Yo soy el consuelo de los dolores de parto.

Este libro se ha construido documentando la muerte de cerca de doscientas mujeres asesinadas en Ciudad Juárez y Chihuahua en el periodo de 1993 al 2005. La información se ha rescatado de una variedad de fuentes periodísticas, reportes de asociaciones civiles, organismos internacionales y nacionales, archivos policíacos, y que, en su totalidad mostraban cifras varias y en repetidas ocasiones cercanas a las 400 mujeres asesinadas. En esta recopilación delimitamos claramente ese gran grupo reduciéndolo principalmente a grupos de asesinatos múltiples, que a nuestro parecer fueron efectuados por los mismos asesinos. Entre estos grupos de asesinatos, resaltan las doce víctimas halladas en 1995, principalmente en las inmediaciones de la carretera a Casas Grandes y Lote Bravo, otras nueve el siguiente año en Lomas de Poleo, las ocho mujeres abandonadas en el 2001 en los campos de algodón, así como también las seis más halladas en cerro Cristo Negro en el año 2003. El grueso de las mujeres halladas muertas en Ciudad Juárez, fueron abandonadas en ocho lugares diferentes, y donde la mayoría de estos, se encuentran cercanos entre sí, estos lugares son: Lomas de Poleo, Casas Grandes (Granja Santa Elena), el Sauzal, atrás de campos de *Pemex*, Lote Bravo, Cerro Bola, Cristo Negro y los campos de algodón donde se depositaron en dos días seguidos ocho cuerpos. Hay que aclarar que, en la carretera a Casas Grandes, y en los alrededores de la misma se hallan varios de esos lugares, así como otros donde se depositaron de forma esparcida, varios cuerpos mas. Una de las características de estos casos es que los asesinos regresan de forma reiterativa a los mismos lugares, omitiendo así la posibilidad de que sean asesinos seriales, tal y como tradicionalmente se les conoce según su forma de actuar.

En los doce años de asesinatos, al menos se hallaron nueve mujeres en Cerro Bola, quince mujeres en Anapra y Lomas de Poleo, veinticuatro más en las inmediaciones de la carretera a Casas Grandes (Granja Santa Elena), siete en el Sauzal, diez mujeres en Lote Bravo, seis cercanas a *Pemex*, diez en Cristo Negro y las ocho mujeres de los campos de algodón. Por otra parte, al menos doce mujeres asesinadas con un *modus operandi* similar, fueron halladas en la ciudad de Chihuahua del año 2000 al 2005, y otras trece desaparecieron en esa misma ciudad en esos años.

> Yo soy la novia y el novio,
> y fue mi esposo quien me concibió.
> Yo soy la madre de mi padre
> y la hermana de mi esposo
> y él es mi criatura.
> Yo soy la esclava del que me preparó.
> Yo soy la que gobierna a mi criatura,
> pero él es quien me concibió antes del tiempo del nacimiento.
> Y él es mi criatura a su debido tiempo,
> y de él viene mi poder.
> Yo soy el brazo de su poder en su juventud,
> y él es el báculo de mi vejez.
> Y me ocurre aquello que él desea.

## 1994

Gladys, no había nacido ahí. Ella era de Guerrero. Cuando dejaron Iguala, ella tenía nueve años y ya había ido dos veces a Acapulco. Desde la primera vez, no hacía otra cosa que soñar con ese azul que hacía que le dolieran las pupilas. En la escuela solía ensoñarse recordando o tratando de recordar todos los sonidos del mar, las olas claro, pero también las gaviotas y el siseo del aire, cortando su camino en sus orejas, y trayendo con el, la arena que le raspaba pero que le gustaba. Cuando no podía recordar todos los sonidos, se entristecía, pero como no le gustaba estar triste, se prometía así misma que un día iba a vivir junto al mar. Así que cuando la familia decidió agarrar camino para el norte, le hizo prometer a su mamá que vivirían en dónde hubiera mar.

Un día antes del viaje, su mamá le llevo una revista de las playas de Key West en Florida y le dijo que cerca de allí vivía el tío Ramón, su hermano y que vivirían ahí con el. Desde entonces Gladys entendió lo que la palabra certeza significaba y se prometió así misma estudiar mucho para aprender como ser una ciudadana norteamericana y trabajar más para ahorrar y poder cruzar y abrazar a su tío pronto.

El tío Ramón les mandaba cartas dónde les contaba que la gente era buena y muy amable con los latinos, les decía que en las calles y comercios la gente hablaba español, y que por las noches era común que se escuchara música de salsa o rumba. Eso fue claro, mucho antes de la ley antinmigrantes SB 168 (Senate Bill 168), entrada en vigor en julio del 2019; al igual que otras ciudades que han dimitido en su estatus de ciudades santuario a favor de la contienda por la presidencia que se acerca. Florida permitió un control férreo por parte del *Servicio de Inmigración y Aduanas*, atentando de forma directa a la catorceava enmienda de su constitución, -cuyo espíritu surgió desde 1866 a partir de la abolición de la esclavitud, y cuya mancha si observas bien, aun se ve en su bandera y en sus calles-, brinda la protección igualitaria ante la ley a todas las personas nacidas o naturalizadas sin importar su origen ni raza.

Esta ley evita entre otras cosas, que los migrantes resididos en el estado que llevaba en su escudo el acta de independencia y en el que se lee irónicamente "Libertad y Progreso", puedan tener atención igualitaria ante casos de violencia, acoso, violación, hostigamiento, delincuencia común, y muchas mas situaciones que asechan al ciudadano común todos los días en ese país; ya que por el solo hecho de solicitar ayuda policiaca pueden ser sujetos a arresto hasta por dos días y luego traslado a los centros de detención del *Servicio de Inmigración y Aduanas* (ICE), segregación que también viven si son detenidos por la mínima infracción de tránsito, o por venir acompañando a quién comete dicha infracción, situación que llevo a varios organismos de defensa de latinos el recomendar a las personas de piel morena, que dejaran de conducir y comenzarán a trasladarse en transporte público. La ley firmada por el gobernador DeSantis, atenta contra el derecho de igualdad y atención establecido en la constitución de ese país.

El cálido estado de Florida, con playas maravillosas y con su propia "starway to heaven" en Cabo Cañaveral, y que en el 2019 contaba con una población total de 21.5 millones de los que cerca de 4.5 millones son latinos, la vuelven un blanco fácil para la hostilidad policiaca y la discriminación escolar y laboral; y aunque por si sola la población total de Miami, una de sus principales ciudades, sea en un 64% latina, no detuvo a los legisladores estatales a votar por esta ley, se llamen estos Oliva, Diaz, Flores o Galvano.

La nueva ley que como generalmente sucede cuando son tan obsesionadamente impulsadas, tiene aparejado la consecución de grandes beneficios económicos. En el caso de esta ha permitido el crecimiento de la industria de prisiones privadas; esto como consecuencia de que el *Servicio de Inmigración y Aduanas* no posea la capacidad de mantener en prisión a tantos hispanos, situación que ha fomentado la incorporación de contratistas privados, y que al día de hoy se hacen cargo del 70% de las prisiones ICE (*Servicio de Inmigración y Aduanas*) en todo el país y que se ven altamente beneficiados con estas leyes xenófobas, ya que además los estándares de calidad que estas cárceles manejan difieren ostensiblemente en detrimento, de las que se manejan en cárceles federales o estatales propiedad del gobierno. La existencia de estas corporaciones carcelarias es de esperarse que tarde o temprano genere una influencia directa en el gobierno para continuar y endurecer las políticas migratorias, permitiendo en el ejecutivo la injerencia de decisiones corporativas de empresas, que además pueden ser nacionales o extranjeras, debilitando de esta forma la totalidad de la autonomía estadounidense en sus decisiones y subyugando su soberanía.

Los dos principales contratistas -que además aportan mucho dinero a la campaña de Trump- son *GEO Group* y *CoreCivic*. *GEO Group* tiene como dueño a George Zoley -quién por cierto es un inmigrante griego-. Mientras *CoreCivic* fue formado por Thomas W. Beasley, Doctor Robert Crants de sangre india seneca, iroquesa y Terrel Don Hutton quién en los setenta fue el encargado del Departamento de Correccionales de Arkansas.

Durante su gestión al frente de las prisiones en Arkansas, Hutton implemento castigos creación suya, y ajenos a cualquier trato digno y humano; entre otras de sus invenciones, estaba la de mantener a los reclusos parados a 60 cm de una reja o muro y hacer que estos apoyaran la frente en ella, manteniéndolos en esa posición por largos periodos de tiempo, sin comer y en ocasiones desnudos. Otra de las sutilezas del dueño de estas prisiones para migrantes fue el de alimentar a los presos con un pan, receta también de él, de nombre *grue*, del que, en 1978 desprendido del caso contra Hutton, de la Suprema Corte contra el Departamento de Correccionales de Arkansas conocido como *Hutton vs Finney*. El juez a cargo dictamino que la alimentación de este producto de forma continua era un castigo cruel e inusual. El caso que duro más de una década determino que las medidas punitivas de los centros manejados por Hutton eran inaceptables. Se dijo que las condiciones en que tenía a los internos eran inhumanas y que estos eran sometidos a torturas y castigos también inhumanos. Situaciones como la de mantener a grupos de internos armados, para que fueran ellos los que aplicarán los castigos y las torturas, o de que su superintendente a cargo de la prisión Tucker Unit, Robert Britton además de golpear e insultar a los internos, los hacía acostarse boca abajo mientras él aceleraba su auto contra ellos, o periodos extremadamente largos en aislamiento. Una corte de distrito llamo a las condiciones en que vivían los prisioneros en el estado como "un mundo oscuro y malvado completamente ajeno al mundo libre".

Los primeros casos de abusos de estas nuevas prisiones privadas se han dado en 2020, con las acusaciones de supuestas esterilizaciones de mujeres latinas dentro de ellas. En particular en el centro *ICE (Servicio de Inmigración y Aduanas)* de Irving, Georgia, manejado por el contratista *LaSalle Corrections* y que alberga a más de 800 inmigrantes de ambos sexos. En particular, a este centro se le ha acusado también de malas prácticas médicas, de pobres o nulos procedimientos contra el covid19 y de ocultar casos positivos de la última infección.

Los dueños de *LaSalle Corrections* son Billy McConnell y su familia, con experiencia en la construcción y manejo de prisiones en el estado de Louisiana y Texas; actualmente uno de cada siete prisioneros de Louisiana está encarcelado en prisiones construidas o manejadas por *La Salle*, el grupo es dueño de prisiones también en otros estados. Al ser un negocio del que recaudan $60 dólares diarios por prisionero, y como dice el hijo de Billy McConnell, "el negocio de las prisiones consiste en mantener un número elevado de ocupación en ellas", es decir el mismo que en la industria hotelera; con la enorme diferencia claro de que difícilmente en este modelo de negocio se invertirá en mejorar la estancia y la experiencia de los prisioneros. En el caso de las prisiones que no son ICE, difícilmente se invertirá en rehabilitar o educar a los reos, de hecho, mientras más reincidencia delictiva exista, será mejor para el negocio, y en el caso de los migrantes, mientras mayor número de ellos sean detenidos y deportados, mejor para la jubilación de Trump y sus hijos.

A partir de la llegada de Trump, se han abierto más de 40 centros *ICE*; en enero del 2020 el 81% de los migrantes detenidos se hallan en un centro privado, número que se convierte en 91% si es en uno de los centros aperturados a partir del 2017. Trump, espera que los estadounidenses trabajadores financien el año que viene, 4 billones de dólares para construir nuevos *ICE* capaces de instalar a 60,000 migrantes por día. Los mismos 4 mil millones que Trump espera que sus 328 millones de ciudadanos paguen el año que viene, son los que sus dos principales contratistas de campos de concentración, *CoreCivic* y *Geo Group* facturaron en 2018. *CoreCivic* además ha contribuido durante el 2018 al menos con 1.6 millones de dólares, a las campañas del partido Republicano mientras que *Geo Group* lo ha hecho con 2.8 millones (*Center of Responsive Politics*). Juntos estos dos grupos recibieron en 2019, 1.3 billones de dólares en contratos del *Servicio de*

*Inmigración y Aduanas*. Para las elecciones presidenciales del 2017 Geo Group realizo donaciones por 1.2 millones. Aunque el *IRS (Internal Revenue Service)* claramente indica que esta prohibido que cualquier organización participe de forma directa o indirecta en las campañas políticas de los Estados Unidos, sin embargo, de esta ley quedan excluidas las organizaciones sin fines de lucro, mismas que no tienen obligación legal de reportar a quien o quienes hicieron las donaciones, incluso si pretenden influir en las elecciones.

Actualmente en Estados Unidos hay 2.2 millones de presos en sus diferentes prisiones. El costo diario que pagaba el gobierno en 2018 era de 55 dólares por cada uno de ellos, es decir 121 millones al día y 44 billones anuales. Actualmente los *ICE* privados cobran 60 dólares diarios por prisionero; solamente el centro de Irving, genera anualmente 17 millones de dólares. Así que es claro que los intereses de Trump, van más halla de deshacerse de los migrantes para devolver los supuestos puestos de trabajo que estos ocupan a los anglosajones, sino como buen hombre de negocios, hay atrás de cualquiera de sus decisiones un beneficio económico, aunque este sea solo para unos pocos de los hombres más ricos de esa nación; sin importar que esos 44 billones afecten tarde o temprano, la soberanía y la toma de decisiones, como permitió que sucediera en las elecciones del 2017. Para la primera mitad del 2020, la *Reserva Federal* del país muestra que el patrimonio combinado del 1% de la población del país es de 34 billones de dólares, mientras el 50% de la población (165 millones) tiene un patrimonio de solo 2 billones, equivalente al 1.9% de la riqueza total.

La inversión realizada a estas compañías por el presidente Trump, la ha realizado tomándola directamente de las pensiones de los estadounidenses trabajadores, particularmente de maestros y bomberos de las ciudades de California, Nueva York, Oregon y otras más ciudades santuarios. Al menos veinte fondos de pensiones se han depositado en las cuentas bancarias de *CoreCivic* y *Geo Group*. Entre los fondos mas importantes están los del *New York Teachers Retirement System* y *CalPers* ambas participando en 2019 con 9.5 millones de dólares. Aunque no todos los bancos consideran que los derechos humanos son más importantes que los réditos obtenidos, si hay algunos que comienzan a dar señales de no querer tener sus beneficios provenientes de la ruptura y separación de miles de familias, sus políticas excluyen el de aumentar sus dividendos a partir de "diamantes de sangre"; por ejemplo, en el mismo 2019 *SunTrust Bank* anuncio que no haría negocios con la industria de prisiones privadas. Por su parte *Bank of America*, quién tenía como cliente a *Caliburn* International, uno de los principales proveedores de prisiones en Florida, también decidió sacarlo de su cartera. *Caliburn* y su filial *Comprehensive Health Service* quién hasta junio del presente año, tenía en el estado, prisioneros a mas de 2,300 niños migrantes, había gozado de prestamos por 380 millones de dólares y una línea de crédito de 75 millones de dólares por parte de *Bank of America*.

*Tráfico de personas:*

*El tráfico o la trata de personas se caracteriza por el reclutamiento, el traslado y el alojamiento de cualquier persona, a través de diferentes métodos. Puede implicar también la apelación a la fuerza o a cualquier otra forma de restricción. (Humanium.org, 2020).*

*Tráfico de menores:*

*El tráfico de menores o trata infantil es una forma de trata de personas que describe el traslado o reclutamiento de bebés, niños o adolescentes de un lugar a otro para explotarlos, .... (Wikipedia, 2020).*

*Comprehensive Health Service* cobro *al Servicio de Inmigración y Control de Aduanas* entre julio del 2018 y julio del 2019, 222 millones de dólares. Por cierto, uno de los campos de concentración más terribles se encuentra en Florida; Homestead es propiedad de ellos, y su capacidad para 3,600 niños, viviendo en barracas, es cobrada a un costo de 775 dólares diarios por niño, haciendo del negocio de tráfico de niños una entrada jugosa para empresarios inescrupulosos dirigidos por presidentes que malinterpretan el "sueño americano" como "Mi sueño americano".

Hasta julio del 2019, la administración de Trump había gastado 3.8 billones en contratos solo para el programa Niños Extranjeros no Acompañados (*Unaccompanied Alien Children Program*).

*Discriminación:*

*Es el trato desigual a una persona o colectividad por motivos raciales, religiosos, diferencias físicas, políticas, de sexo, de edad, de condición física o mental, orientación sexual, entre otros. (Wikipedia, 2020).*

La cruda realidad es que, las políticas discriminatorias de Trump, no tienen como blanco principal a los migrantes latinoamericanos. El presidente pronuncio el día de su investidura el siguiente juramento: *"Juro solemnemente que ejerceré fielmente el cargo de Presidente de Estados Unidos, y hasta el límite de mi capacidad, preservar, proteger y defender la Constitución de los Estados Unidos"*. Trump no solo ha traicionado en múltiples ocasiones la Constitución que juro defender, sino que sus políticas discriminatorias están direccionadas hacía su propio pueblo; el objetivo es que 328 millones de estadounidenses anglosajones, latinos, afroamericanos, asiáticos y demás gloriosas razas, trabajen para él, sus hijos y sus amigos, en vez de cómo lo juro el 20 de enero del 2017, trabajar Él para el beneficio de su pueblo.

> Yo soy el silencio incomprensible
> y la idea recurrente.
> Yo soy la voz de múltiples sonidos
> y la palabra de múltiple apariencia.

Rocío apareció hasta pasados dos meses del anterior cuerpo. Su cuerpo, alma y sueños fueron secuestrados antes de llegar a la primaria donde estudiaba (*Gabino Barreda*). Solo su cuerpo de once años fue abandonado dentro de un tubo gigante de desagüe. Sus sueños se fueron desprendiendo con cada golpe y su alma cuando fue violada por ambas vías. De nuevo se encontró el liquido en su vagina, que por alguna razón nos hace pensar en la impotencia y falta de hombría de los asesinos.

La velocidad con la que las autoridades mexicanas actúan siempre ha sido vertiginosa y audaz, esta ocasión tardaron solo un año, en fabricar testigos y buscar inocentes para culpar, aunque por cierto en algún punto de la investigación algún testigo menciona que las víctimas se buscan por su "virginidad y pureza".

Gladys no llego a conocer Florida ni al tío Ramón. Abandonaron su cuerpo lejos en un campo de algodón, a un lado de sus zapatos. La habían levantado en algún lugar al parecer céntrico, por el monumento al benemérito de las Américas, esto apenas al salir de la secundaria dónde estudiaba (*Jesús Urueta*). No oyó el mar romper contra las piedras, no escucho gaviotas graznar. Escucho su cuerpo romperse y supo el momento exacto en que su mente se fragmento mientras era violado todo su cuerpo. Antes de morir sí vio el mar y supo que iba a un lugar mejor que Key West.

Este año los sicarios contratados probablemente fueron los mismos, aunque intentaron tecnificarse como se ve en el hecho de que, aunque siguieron asesinando en el lugar de retención, a partir de octubre algunas de las mujeres ya se trasladaron al lugar dónde se abandonaron en bolsas y cobijas. Continúo apareciendo el liquido en sus zonas reproductivas, aún hubo calcinación de cuerpos, y se habían vuelto tan confiados que en una ocasión se sentaron a beber en el lugar dónde llevaron el cuerpo sin vida de la chica.

> Yo soy la pronunciación de mi nombre.
> ¿Porqué me amáis quienes me odiáis,
> y me odiáis quienes me amáis?
> Aquellos que renegáis de mí, me confesáis,
> y aquellos que me confesáis, renegáis de mí.

*…..no puede haber crímenes de este tipo por un tiempo tan prolongado y con ese grado de impunidad si no hay un segundo Estado, un poder paralelo de magnitud mayor que el propio Estado y detrás.*

*Rita Laura Segato*

El contexto histórico en el que se desenvolvieron los crímenes de Ciudad Juárez y la ciudad de Chihuahua incluyen en México, dos periodos presidenciales completos uno del *Partido Revolucionario Institucional* (*PRI*) y otro del *Partido Acción Nacional* (*PAN*), y uno parcial del *PRI*, así mismo hasta ese momento dos gubernaturas repartidas entre el *PRI* y el *PAN*, así también dentro de la estructura del poder han estado al frente al menos siete presidentes municipales en ciudad Juárez y seis en Chihuahua, siete procuradores estatales, siete subprocuradores, un fiscal federal especial, un comisionado federal de la *Secretaría de Gobernación*, siete fiscales especiales y un *Instituto Chihuahueño de la Mujer*. Por otra parte, los asesinatos se sucedieron en medio de la firma del Tratado de Libre Comercio en 1994 con Canadá y Estados Unidos, el levantamiento armado en Chiapas por el *Ejercito Zapatista de Liberación Nacional* (*EZLN*) a inicios de ese mismo año, y la crisis económica causada por Salinas de Gortari al final del mismo; por su parte a nivel mundial ocurrieron, los atentados terroristas del 11 de septiembre del 2001 en Estados Unidos que tuvieron efectos enormes a nivel mundial y que modificaron sustancialmente entre otras cosas, el paso por la frontera con ese país, así mismo la invasión a Afganistán y la guerra contra Irak, ambas desatadas a partir de los anteriores atentados. Se incluye también el paso de dos presidentes estadounidenses, uno Demócrata y otro Republicano, cada uno cumpliendo dos periodos presidenciales en total. No olvidamos mencionar, que uno de los hechos más determinante en tanto al impacto que ha ocasionado en la zona, ha sido la guerra por el poder de la misma entre grupos de narcotraficantes, siendo el grupo de los hermanos Carrillo Fuentes los poseedores de la plaza durante esos años.

Aquellos que decís verdad de mí, mentís sobre mí,
y aquellos que habéis mentido sobre mí, habéis dicho verdad de mi.
Aquellos que me conocéis, me ignoráis,
y aquellos que no me han conocido, me conocen.
Porque yo soy el conocimiento y la ignorancia.

## 1995

Pocos años atrás toda su familia había dejado sus recuerdos, vecinos y amigos, y sus paseos dominicales por su centro abarrotado de historia minera, y tomaron el camión que los llevo de Zacatecas a Ciudad Juárez. Estaban decididos a llegar ese mismo año a Atlanta, pero querían estar un tiempo en la ciudad y averiguar la mejor manera de lograrlo. Aunque aún faltaban varios años (2011) para que el infame Nathan Deal gobernador del estado firmará la ley HB 87 (Georgia House Bill 87), en la que se pretendía acabar con las fuentes de empleo de los latinos que no contaran con papeles migratorios, esto al obligar a los empleadores a utilizar un sistema on-line en el que tenían que verificar que el empleado tuviera permiso de trabajo, así mismo criminalizaba el transportar o alojar a migrantes. Los efectos de esta ley se dejaron ver de forma inmediata en la reducción de la fuerza de trabajo y por ende en los ingresos del estado, dónde por ejemplo la economía agrícola se vio inmediatamente afectada.

Con 100 mil personas en el año 1990 y un millón en 2014, y donde la mayor parte vive en Atlanta y Dalton. El crecimiento de la comunidad latina en el estado de Georgia fue del 130% entre 1980 y 1995, mientras que entre 1990 y el año 2000 el estado fue el tercero en inmigración latina. El primer detonante que comenzó esta migración fueron los Juegos Olímpicos de 1996, y la infraestructura que se tuvo que edificar, para lo que la mano constructora hispana fue requerida. Además de agricultura y construcción, la fuerza de trabajo latina es muy buscada en los sectores de servicios, manufactura y altamente necesaria en el negocio de avicultura. Al menos la mitad de esta multietnia en el estado no tienen permiso de residencia, además pagan en promedio por la renta de su vivienda 665 dólares mensuales, la cual es alta, pero que sin embargo al ser la tasa de desempleo en esta colectividad de solo un 4%, resulta al final de la suma, benéfico para la comunidad.

> Yo soy vergüenza y bravura.
> Yo soy desvergonzada; yo estoy avergonzada.
> Yo soy fuerza y yo soy miedo.
> Yo soy guerra y paz.
> Prestadme atención.
> Yo soy la deshonrada y la grande.
> Prestad atención a mi pobreza y a mi riqueza.
> No seáis arrogantes conmigo cuando sea expulsada de la tierra,
> y me hallaréis en aquellos que están por venir.

Elizabeth que aún tenía diecisiete años practicaba gimnasia desde los siete, y desde que supo que las olimpiadas serían allí, no hubo un solo día que no se prometiera que iba a estar viviendo en la capital, antes de ser mayor de edad y que asistiría a todas las participaciones de las gimnastas estadounidenses.

Por eso Eli, como le decían su mamá y hermana se levantaba aún de noche para tomar el turno de la maquila que empezaba a las 6 de la mañana, y poder hacer gimnasia de cuatro a cinco y media; por la tarde estudiaba. Pensaba comenzar a estudiar inglés muy pronto pero antes creía que debía dominar las computadoras, para abrirse camino como asistente secretarial. Se inscribió en la escuela *Itec*, a la que asistió ese lunes de agosto. Ella y su amiga decidieron caminar juntas hasta que tuvieron que separarse; nunca se percataron que las habían seguido. Ese día Eli fue secuestrada. Antes de morir se imagino girando en las barras paralelas, mareada, pero confiada de que al soltarse alcanzaría la segunda, no lo dudo.

El sábado siguiente, su madre reconoció la ropa y el cuerpo estrangulado, abandonado en el desierto. Eli tenía el cabello largo y castaño, casi a la cintura, era de ojos cafés y grandes, su nariz afilada, su piel blanca y su cuerpo delgado junto con su metro y setenta y cinco centímetros la hacían una mujer atractiva.

Aunque la mujer, o más bien su ropa, fue reconocida por su mamá, tenía una altura según la averiguación llamada "previa" de un metro con sesenta y dos centímetros. En algún lugar entre la oficina del director de corrupción y el jefe de departamento de incompetencia de la policía, del estado de Chihuahua se perdieron trece centímetros.

Pero gracias a Dios no solo hubo perdidas, también según la averiguación hecha por nuestras experimentadas y capacitadas corporaciones de impartición de justicia, hallaron en el trayecto entre ambas oficinas testigos que la vieron caminando y en un auto, días después de su desaparición, testigos que además la vieron con un hombre que cumplía con los requisitos perfectos y la descripción rotunda que las autoridades y la prensa amarillista del país y en ese momento también de varios países, encajaba con el chivo expiatorio perfecto para que el sacrosanto gobernador Barrio y demás secuaces, cerraran el hocico de sus priistas contra partidistas.

Nunca fue necesario que las personas responsables de lo que paso a está y las demás niñas y mujeres, tomaran tantas precauciones, no era requisito que se molestarán en llevar los cuerpos a carreteras despobladas, o adentrarse en el desierto, ni siquiera que como en el caso de Eli, y varias otras hayan tenido que ser cercenadas, en este caso de su seno derecho, o mucho menos arrancar a mordidas el pezón del lado opuesto. Calcinar cuerpos para ocultar evidencia era mucho trabajo innecesario. Teniendo al frente de la investigación a los señores que en esa época tomaron micrófono y cámara y que pudieron perder y agregar datos a la investigación, inventar testigos y encarcelar si no inocentes, al menos inocentes respecto a estas muertes, teníamos señorones que nos enseñaban que pese a los esfuerzos de periodistas serios, asociaciones civiles comprometidas, la opinión pública internacional y los organismos de derechos humanos propios y ajenos, aun así estos grandes hombres liderados por un gran gobernador lograron fastidiar y hacer infructuosos los esfuerzos de los asesinos, al realizar ellos solos el trabajo de ocultamiento y perdida de pruebas, búsqueda de culpables en lugares inverosímiles y permitir alejar la verdad lo más lejos posible, pasando el río Bravo, al infinito y más allá.

Dato curioso es que según la investigación la ropa usada por la víctima el día de su desaparición era la misma que la que estaba en la escena del crimen y también aseguran que el pantalón tenía rastros de sangre, en particular del tipo *"a"*, aunque Eli tenía del tipo *"o"*. El cuerpo no mostraba signos de lucha, había sido estrangulada por la espalda. Entonces ¿de dónde procedía la sangre?

Días después aparece una segunda mujer que, si por un momento creyéramos el asunto de la diferente sangre, podría llevarnos a repensar que ambas compartieron estando vivas un mismo lugar de secuestro, al menos durante un mismo periodo de tiempo y que la sangre hallada en Eli sea de esta segunda mujer. Aunque no resuelva la pregunta de ¿cómo llego a la ropa de Eli?

Independientemente de lo anterior es cierto, estaríamos hablando ya de grupos de mujeres, ya no de mujeres individuales. De hecho, en agosto ya se desecharon los cuerpos de dos mujeres al mismo tiempo y en el mismo lugar, una de ellas de 16 y la otra de 18 años. También habían sido mutiladas (al menos una de las dos) y estranguladas. Dos semanas después y aunque fue una sola la mujer, también le habían amputado el seno derecho y el pezón del lado opuesto había sido eliminado por mordeduras humanas. Una vez más cuatro días adelante, Silvia, quién cumplió 17 años durante su encierro, había sido martirizada de idéntica manera, a tal punto que cuando inmediatamente después fue violada una vez más por ambas vías, ni siquiera se entero, menos aún cuando la estrujaron el cuello.

La ropa que Silvia portaba, aunque era de su talla, no era la que saco de su cómoda y vistió el día que se la robaron. La ropa era de otra chica. Así también al día siguiente otra mujer, -está sin nombre- se halla con el mismo maltrato a sus senos y con la ropa de Olga, quien un mes antes había sido secuestrada. El cuerpo en avanzado estado de deterioro no pudo ser reconocido por su madre, a quién solo le entregaron la ropa, que dijeron llevaba puesta, y que en efecto sí era de ella. El reporte de la autopsia dijo que murió entre un mes y quince días antes de ser secuestrada, es decir, una de dos, o el estado de aturdimiento de las autoridades en este punto es cercano al embotamiento intenso por alcohol, ¿o? las autoridades creen que somos los mexicanos los que estamos aturdidos de forma silenciosa y constante, porque según ellos entonces: alguien almaceno un cuerpo, ya sea en evidente estado de descomposición o, en su defecto en un claro estado de congelación, pero al, también estas autoridades reportar el avanzado estado de putrefacción del cuerpo, es entonces que nos dicen en su "averiguación previa" y nos piden en la misma que creamos -como buenos guadalupanos-, a ciegas que los asesinos vistieron un cuerpo en avanzado estado de desintegración solo para irlo a depositar a mitad del desierto. Es decir, nuestros asesinos de más de cuatrocientas mujeres, según las autoridades son seres morales y bastantes pudorosos.

Por cierto, años después también culpan de este y otros crímenes, a su primer chivo expiatorio, un hombre de origen africano, a quién le dicen "el egipcio".

Este año el cambio en el comportamiento de los asesinos desde la forma de asesinar, hasta la forma de disponer de los cuerpos, la frecuencia y similitudes hallados en los mismos y sus inmediaciones, nos dirigen a pensar que por un lado; el grupo de asesinos (mas no así el de los autores intelectuales) fue sustituido por otro mejor preparado y más profesional, por otra parte la posibilidad de que algunas hallan compartido tiempo y espacio juntas, es decir, se conocieron, y por último no se puede dejar de pensar que son parte de un grupo, un grupo que comparte características físicas, espacio-temporales, de violencia y particularidades compartidas que asemeja a un grupo experimental.

Algo cierto respecto a la ropa que portaban, éstas y las futuras mujeres halladas, es que muchas veces no era de ellas, pero les quedaba, no era con la que habían desaparecido.

Así que nos hacemos varias preguntas: *¿y si, al ser secuestradas les era quitada la ropa para proceder a hacer algún* *procedimiento científico con su cuerpo?, ¿y si, la ropa se guarda en un mismo lugar junto con la ropa de otras mujeres?, ¿y si, varias mujeres vivas comparten un mismo espacio físico-temporal? y por último, ¿y si, se les dice que se les va a liberar que se vistan, y toman la ropa que está más a su alcance?*

Un dato más de este año, una mujer, Erika, se hallo a un costado de un rancho que unos años después fue parte de un operativo conjunto entre la PGR (*Procuraduría General de la República*) y el FBI (*Federal Boureau of Investigation*). Allí comenzó un noviazgo fallido entre estas dos instituciones, surgido quizás a partir del caos que se había desatado desde los sucesos del 94 y años venideros, de forma que por esa época a nuestros gobiernos se les olvido el asunto estéril y demagógico de la soberanía, ese refrán tan mexicano de "la ropa sucia se lava en casa", pero México estaba cambiando, México creía que estaba cambiando, y es por eso que, acertadamente flexibilizamos ideas, tabúes y testarudez.

Así que en el año 99 (cuatro años después) el señor gobernador Patricio Martínez dio el sí a esa nueva relación, y a partir de la información compartida por parte del *FBI* de la presencia de las, -en aquel entonces famosas y novedosísimas narcofosas, en dónde los narcotraficantes enterraban a varias personas a la vez-, en algunos ranchos de Juárez, fue que se decidió correr el siguiente año esta aventura de forma conjunta, bajo el nombre de *"Operativo Plazasweep"*. Y bueno, aunque faltaban unos años para este evento, y otros acercamientos entre estas dos instituciones, la presencia en 1995 de una mujer muy cerca de uno de estos lugares desvió evidentemente en el año 2000, la atención hacia el narcotráfico como causa de la masacre de mujeres.

> Y no me consideréis en el montón de estiércol
> ni os marchéis abandonándome,
> y me hallaréis en los reinos.
> Y no me consideréis cuando esté exiliada entre aquellos
> que han caído en desgracia y en el más remoto lugar,
> y no me abandonéis entre aquellos que han de ser asesinados.

Creemos que un gran número de las muertes de mujeres, en las ciudades de Ciudad Juárez y Chihuahua, de 1993 al 2005, fue realizada como parte de un experimento relacionado con sus órganos reproductivos. La experimentación a que estas mujeres fueron sometidas, se enfoco básicamente al uso de los óvulos de estas mujeres, y donde muy probablemente, fueron la materia prima para generar líneas celulares de *células madre*. Durante la experimentación realizada, se utilizaron grupos experimentales, compuestos por varias mujeres. Además, se usaron óvulos de mujeres de forma intermedia a esos grupos, posiblemente como ensayos de verificación o control.

Las mujeres en su mayoría fueron raptadas de forma independiente una de la otra, y nos fueron retenidas generalmente por los mismos periodos de tiempo, debido quizás a que, la experimentación se adecuo, a usar primero óvulos de una mujer, y luego óvulos de otra. Sin embargo, algunas mujeres sí pudieron compartir tiempos de retención, y haber por tanto compartido un espacio físico durante un mismo periodo de tiempo. En los grupos experimentales, primero (verano de 1995) y segundo (primavera de 1996), es muy factible que algunas mujeres hallan sido secuestradas y mantenidas juntas por el mismo periodo de tiempo. Es recurrente que las mujeres hayan sido secuestradas al menos por un periodo cercano a las dos semanas, y sabemos que este es el tiempo mínimo promedio, para conseguir hiperestimulación ovárica derivado de un tratamiento hormonal. Al considerar los tiempos estimados de muerte documentados, se observa que el promedio del tiempo de retención de las mujeres fue de quince días. En el 62% de los raptos, las mujeres fueron retenidas por un periodo menor o igual a dos semanas, mientras que en un 77% de los secuestros, las mujeres fueron retenidas por un periodo menor a un mes.

> Pero yo, yo soy compasiva y yo soy cruel.
> ¡Estad en guardia!
> No odiéis mi obediencia
> no améis mi autocontrol.
> En mi debilidad, no me abandonéis,
> y no temáis mi poder.

## 1996

El año anterior termino con el rapto de Cecilia de 16 años y su bebé de seis meses. Este año los asesinos comenzaron tardíamente, y es hasta marzo donde el cuerpo de Cecilia es encontrado (mas no así el del bebé, del que no se sabe nada) y en este mes también otra niña entre 9 y 12 es hallada, una vez más cerca del mismo rancho dónde en el futuro estarán las narcofosas, que llevaron al candoroso amorío con el *FBI*; esta segunda niña, también había muerto en diciembre del año anterior.

En este, el anterior y en los siguientes ocho casos las víctimas tendrán entre 16 y 18 años y serán abandonados sus cuerpos una vez más en el mismo lugar del desierto (Lomas de Poleo), sumando diez cuerpos seguidos abandonados en ese lugar. Otra vez un grupo que de manera continúa aparece y bajo el mismo *modus operandi*. Creemos que este es un segundo grupo experimental también surgido como consecuencia del último, definitivo y tercer grupo de asesinos.

Este año y este grupo, continúa con los golpes, la mutilación y el estrangulamiento. No olvidemos que una de las causas por las que el imaginario colectivo -sembrado por la prensa incapaz y carente de respuestas, a su vez inoculada por las autoridades ignorantes y con elevada concentración de estupidez, dentro de un caldero de presión internacional-, generara alternativas posibles aunque quizás no tan plausibles, principio básico que quizás los asesinos usaron a su favor: "si extremo la violencia, más halla de los límites del pensamiento que la mayoría habíamos hasta ese momento explorado, incluso más halla de los pensamientos de los más perversos pensadores de esa actualidad, es decir los escritores de libros, series y películas japonesas y estadounidenses, entonces la atención de la gente, de la prensa y autoridades, así como de las organizaciones activistas, jamás será puesta en la verdadera razón ni objetivo de estos crímenes".

Como ejemplo de lo anterior solo basto lo mostrado en el siguiente caso para hacer voltear al mundo a algo tan terrible y descabellado, que los periódicos del mundo duplicaron sus ventas, citando a Conan Doyle "Dónde no hay imaginación, no hay horror":

En marzo de 1996 desaparece en Ciudad Juárez, María Guadalupe del Río Vázquez. Desapareció cuando había ido de compras al centro de la ciudad. Un testimonio menciona que se le vio a bordo de un autobús de transporte urbano, mientras conversaba con una mujer y un hombre. Debido a su ausencia, sus familiares y amigos decidieron rastrear Lomas de Poleo, y durante esa búsqueda descubrieron una cabaña abandonada hecha de madera, afuera de esta se hallaron veladoras negras y rojas y un montón de cabello humano, y dentro de la misma se halló una tabla de 2 metros de alto por 1.5 metros de ancho; la tabla estaba dibujada; en el centro de una de sus caras la tabla tenía un escorpión, y en uno de los lados de esté se encontraba las figuras de tres mujeres desnudas, de cabellos largos, sentadas en bancos y con la mirada hacía el escorpión. Debajo se hallaba la figura de una mujer sin ropa, recostada y maniatada, tenía una expresión de tristeza y los ojos cerrados. Encima del escorpión, hacía su lado derecho, había cinco o seis soldados de pie detrás de unas matas que asemejaban marihuana. En la parte baja de la tabla había trazos similares y entre sus hojas se asomaban los rostros encapuchados de cuatro hombres. En la parte alta de la tabla había un signo de baraja con un as de espadas. La cara anversa de la tabla en su centro, mostraba a dos mujeres recostadas y desnudas con las piernas flexionadas y abiertas. En la parte superior estaba el signo de un as de tréboles y el medio cuerpo de dos mujeres desnudas que parecían sonreír. Todas las mujeres tenían el cabello largo, sus rostros mostraban rasgos finos. La parte baja de la tabla tenía rastros de cera negra y roja. Allí se habían grabado números y letra que parecían referirse a las placas de un vehículo. A media tabla del anverso se encontraba también el dibujo de un cholo con gabardina y sombrero. Según los testigos todos los dibujos tenían calidad. El interior de la cabaña presentaba un escenario análogo: huellas labiales en las paredes, cera negra en el piso, ropa interior femenina y otras prendas femeninas y manchas al parecer de sangre seca. Entre las personas que ese día iban se hallaba Vicky Caraveo fundadora del grupo Mujeres por Juárez y activista social de esa ciudad. La tabla fue entregada a las autoridades y tiempo después, estas la hicieron desaparecer.

A partir de este relato, y con el asesinato de Rosario un mes después, quién trabajaba también en maquila (*Phillips*) y quien había desaparecido cuatro meses atrás, fue el último detonante para que las autoridades buscaran a su siguiente chivo expiatorio; sabían que no tenían una sola línea de investigación sólida y sentían el fuego quemarles cada vez más cerca, la presión desde los más altos niveles, incluida la de los Estados Unidos quienes empezaban a temer que este mal fuera contagioso y los alcanzará tarde o temprano, situaciones que llevaron a que la autoridad apresará y culpara a ocho personas a quienes la prensa denomino "los Rebeldes", y a los que se imputo el crimen de Rosario y de entre ocho y diez mujeres más. Aunque hubo confesiones sobre los asesinatos, también hubo el mismo número de retracciones alegando tortura para obtener sus confesiones originales.

Después de la captura de estos hombres, los asesinatos continuaron de la misma manera que habían previamente sucedido -como si nada hubiera pasado-, de hecho, a solo dos meses un cuerpo más aparece a un lado del mismo rancho que ya se ha mencionado. El gran plan del gobierno de la República pensado desde lo más alto de la cúpula de políticos preparados y con credenciales para dirigir escuelas de negocio en universidades de la *Ivy League*, fallo al día siguiente. Detener a un grupo de inocentes, -por alguna razón que el presidente Zedillo no alcanzó nunca a comprender-, no termino con la muerte de mujeres; de hecho, siguieron usando el mismo método y fueron abandonadas en los mismos lugares.

Si la actuación de las autoridades se balanceo durante los doce años en un equilibrio delicado entre la incompetencia y falta de líneas de investigación y por el otro lado, en el daño generado a la sociedad juarense y a la de toda la República; la actuación de la prensa solo tuvo un peso y fue el de absoluto daño, pasando de la carencia de información y periodismo real, a la desinformación e información falsa y tendenciosa, hasta el servilismo a las autoridades, y tristemente entre otras consecuencias, fue la de generar imitadores (copycat) que vieron estos asesinatos como una fuente de inspiración para acabar de retorcer algunas mentes.

Así fue como este mismo año, los dos últimos asesinatos se llevaron a cabo por un hombre joven, quien torturo a tal grado a una de las chicas, hasta el punto en que Brenda sufriera cuatro ataques al corazón antes de fallecer. Más adelante al menos se vera un caso más de imitación. Agradezcamos a una generación de personas no preparada e irresponsable, autorizadas para escribir en la prensa o hablar frente a la televisión, la historia de los asesinatos de algunas mujeres, y a la confusión nacional que detono como consecuencia y que alejo más la verdad de las madres y padres de estas niñas, muchos de los cuales, nunca más volverían a tener paz en sus corazones, ni descanso en sus mentes.

Por supuesto con los años periodistas preparados y responsables como Sergio González Rodríguez y Diana Washington Valdez entre otros, tomaron la batuta y recompusieron la historia, desgraciadamente no tuvieron ya acceso al total de las pruebas originales, ya que o habían sido robadas o habían sido alteradas, ni a los testigos, ni a las múltiples pistas que habiendo sabido observar, debieron estar allí, esperando al ojo observador y a la mente preparada.

> ¿Por qué menospreciáis mi temor
> y maldecís mi orgullo?
> Pero yo soy la que existe en todos los miedos
> y fortalece en el temor.

Gracias a su ubicación, la ciudad ha tenido un importante desarrollo económico y también una alta concentración de crimen organizado, encabezado por el narcotráfico. En los años 60 y gracias al Programa de Industrialización de la Frontera Norte, el Estado Mexicano creo las condiciones para la instalación de maquiladoras en esta zona, muchas de las cuales, de origen estadounidense, y contando con el apoyo mexicano en tanto a mano de obra barata, impuestos reducidos o inexistentes, patrocinio político y con mínimas normas de regulación. Cerca de 200 mil personas (una sexta parte de la población) trabajaba en una de las casi 4,100 maquiladoras que allí operaban. Así también por si sola, Ciudad Juárez atrajo en los dos sexenios anteriores a las muertes, el 57.7% de la inversión nacional y extranjera y se establecieron 245 maquiladoras.

Durante muchos años las mujeres han representado la mayoría de la fuerza de trabajo en las maquilas, con cerca del 60% de participación, convirtiendo de forma inusual en México a la fuerza de trabajo femenina no solo competitiva sino superior a la masculina, cuestión que es infrecuente no solo en nuestro país sino en el resto de América latina. Una de las cosas que hay que hacer notar, es que las empresas maquiladoras abiertamente violan las leyes laborales, al emplear a mujeres menores de edad. La situación de las mujeres en esta ciudad las vuelven un blanco fácil para la violencia, la agresión y la segregación; en una ciudad donde hay más bares y discotecas, que escuelas, donde las calles son manejadas por el narcotráfico, y la corrupción se encuentra en los distintos niveles de justicia, y a donde confluye gente de todas partes de la República Mexicana y Centroamérica con el fin de cruzar la frontera y perseguir él "sueño americano", es dentro de ese contexto que la mujer ha pasado a ocupar un estatus muy bajo y ha sido sujeta a violencia de género de considerable nivel.

Aunque la violencia contra la mujer en Ciudad Juárez ha existido desde mucho tiempo atrás, la violencia tiene distintos matices, donde generalmente la intrafamiliar dominaba el panorama y tuvo su origen como consecuencia, principalmente de la situación social que se vive en el estado; dicha violencia ha sido excluida totalmente del objeto de este escrito. El asesinato en serie de mujeres sucedido en Ciudad Juárez y en la ciudad de Chihuahua no creemos haya sido un crimen de genero, sino un crimen planificado y ejecutado por un grupo de personas entre las que no descartamos se encuentren mujeres, y cuyo objetivo esta alejado del odio y la discriminación hacía la mujer.

> Yo soy aquella que es débil,
> y estoy bien en lugar placentero.
> Yo soy inconsciente y yo soy sabia.

## 1997

Arizona no es en número, uno de los cinco estados con mayor número de pobladores latinos, aunque con su millón quinientos mil, solo en el área de Phoenix y zonas aledañas, representan el 31% de la población total. Así mismo Arizona recibe muchos latinos que cruzan por Nogales y recargan energía en Tucson y Phoenix. La historia entre Sonora y Arizona es antigua, por ejemplo, en 1974 el estado tuvo a quién, hasta el momento es el único gobernador latino que lo ha dirigido, Raúl Héctor Castro, quién por cierto en su infancia cruzo a Tucson junto con sus padres sin documentos que los avalarán.

De hecho, Arizona fue el primer Estado que voto por una ley anti migratoria, la SB 1070 (*Support Our Law Enforcement and Safe Neighborhoods Act*) aprobada desde el 2010, sirviendo como experimento para las distintas leyes que se aprobarían en el futuro. La ley tan controversial, criminalizaba a toda aquella persona que no contara con documentos e incluso que no los portara con ella y presuponía culpabilidad a personas solo por su color de piel. Además, impedía inscribirse en los colegios con las prerrogativas que otros estudiantes tenían, también prohibía la contratación de personal sin documentos migratorios y por supuesto limitaban su participación en las votaciones.

Aunque aún una minoría dentro del país, los latinos representan más del 18% del total de la población, que es superior al 16% que la población afroamericana representa. Por su parte solo un 4-5% de personas tienen orígenes asiáticos, y sus tribus autóctonas incluidos hawaianos, nativos de Alaska o nativos norteamericanos no representan juntos ni el 1%. Aunque es verdad que, en total suman más del 40% de la población que respira el mismo aire y crece encerrada dentro de los mismos muros y miedos.

Es cierto que unas horas antes de su entrada en vigor por orden judicial, se suspendieron las cláusulas más controversiales, como la que criminalizaba el hecho de no tener documentos de estancia. Sin embargo, la ley sí mantuvo castigos severos, a aquellos que emplearán, albergarán o incluso ayudarán a transportar personas sin documentos de identidad. La gravedad de esta propuesta de ley es por supuesto las consecuencias directas para el millón y medio de latinos residentes en el Estado, pero el mayor impacto consistia en el precedente que se dejaba para otras legislaciones similares, pendientes de aprobación en varios otros estados, además de generar el impulso para el desarrollo de otras, en estados que habían venido contemplándolas. De hecho, eso fue lo que con los años sucedió en Texas, Florida y varios estados más.

El sentimiento de pertenencia es constitutivo del genoma del ser humano, la gestación de la conciencia trae aparejado indisociablemente la necesidad de ser parte de, de constituirse en algo mayor, nacemos siempre sintiéndonos incompletos, el sentimiento se acalla cuando poseemos algo, algo que puede ser una madre, una familia, una casa, un territorio. Además, arraigamos casi de forma inmediata; el conflicto surge cuando ese objeto de arraigo o pertenencia lo es también para alguien más. Generalmente esa coopertenencia y como actúas en relación a ella es lo determina quién eres para el resto de tu vida; si eres un Estado o Nación, determinará también tus raíces, será siempre parte de tus cimientos.

*Robo:*

*Delito que se comete apoderándose con ánimo de lucro de una cosa mueble ajena, empleándose violencia o intimidación sobre las personas, o fuerza en las cosas (Real Academia Española, 2020).*

*El robo es un delito contra el patrimonio, consistente en el apoderamiento de bienes ajenos de otras personas de manera fraudulenta, empleando para ello fuerza en las cosas o bien violencia o intimidación en las personas (Wikipedia, 2020).*

Los pueblos originales de la región estaban conformados por los anazasi, hohokam, mogollón, petaya, apaches y navajos. A partir de 1821 con la independencia de los españoles, fue parte del territorio de México, de la alta California, situación que duro poco, ya que en 1846 los

Estados Unidos iniciaron la usurpación de gran parte del territorio mexicano, al organizar una guerra contra ese país; entre los territorios hurtados, estaba incluido Arizona.

Pocos años después, el ejercito estadounidense ataco a un grupo de indios en Tucson, entre los que se encontraban muchas mujeres y muchos niños; asesinaron a 118 mujeres y vendieron a los niños como esclavos. El impulso de actuar de esa forma, desde ese entonces, se mantuvo hasta nuestros tiempos.

Con la llegada del ferrocarril el estado comenzó a poblarse, estableciéndose granjas y explotándose las minas de oro, plata y cobre; ese gen de la pertenencia junto con la falta de entendimiento y empatía, llevo a una guerra que duro más de cuarenta años en contra de navajos y apaches, y dónde ambas tribus acabaron siendo masacradas.

Según David Berman, profesor de la *Universidad Estatal de Arizona* "en los orígenes políticos del estado, se presuponía que solo los descendientes europeos tenían un "destino manifiesto" de triunfar sobre los nativos norteamericanos originales y sobre los hispanos, ambos residentes originales del territorio. Entre las primeras medidas discriminatorias, que datan, desde inicios del siglo diecinueve, estaban la obligatoriedad de aprobar un examen de inglés para evitar el "voto mexicano ignorante".

Arizona recibe su estatus de estado hasta el año de 1912, sesenta y cuatro años después de su sustracción a México; durante los años intermedios parte de sus tierras fueron incorporadas al territorio de Nuevo México y otra parte se mantuvo como estatus solo de territorio. En parte esto sucedió por su entonces escasa población, en 1870 no llegaba a los 10 mil habitantes, esto no duro mucho ya que, para 1900 ya era de más de 120 mil. Cuarenta años después, para 1940, la población seguía en aumento, básicamente con el regreso de mexicanos, así como migraciones internas desde Oklahoma, Arkansas y Texas motivados fuertemente por las temporadas de pisca de algodón. Como consecuencia de la segunda gran guerra, la población comenzó a sufrir una duplicación cada veinte años, principalmente proveniente de estados del medio oeste estadounidense, pero a partir de 1980 las migraciones partirán básicamente de México, Texas y California. El trabajo latino esta centralizado en la industria de servicios, construcción y agricultura.

Actualmente, Arizona es un estado multiétnico, dónde la mayoría de sus habitantes llegaron allí como migrantes, o son hijos de estos. En muchas ocasiones la migración sucedió desde el mismo país, y en otras desde otro, así mismo una vasta área del estado sigue siendo propiedad de tribus originales de la región, como los Navajos, Yuma, Apache, Pueblo, Piga, Zumi y Papago, aunque casi todos ellos hallan sido asesinados, encarcelados o desplazados.

> ¿Por qué me odiáisteis en vuestros concilios?
> Porque yo callaré entre aquellos que callan,
> y yo apareceré y hablaré.
> ¿Por qué me odiásteis, griegos?
> ¿Porque yo soy bárbara entre los bárbaros?
> Pues yo soy la sabiduría de los griegos
> y el conocimiento de los bárbaros.

> Yo soy el juicio de los griegos y de los bárbaros.
> Yo soy aquélla cuya imagen es grande en Egipto
> y aquella que no tiene imagen entre los bárbaros.
> Yo soy aquella que ha sido odiada por doquier
> y quien ha sido amada por doquier.

Para este año y los que siguieron hubo ocho lugares preferidos por los asesinos para abandonar los cuerpos: Lomas de Poleo, Casas Grandes, el Sauzal, atrás de campos de *Pemex*, Lote Bravo y Granja Santa Elena y más adelante Cristo Negro y los cuerpos de los campos de algodón. Aunque en la carretera a Casas Grandes y los alrededores de la misma se hallan varios de estos lugares.

Al observar el mapa de la ciudad observamos que la ubicación de estos lugares con excepción de los campos de algodón, se hallan en la periferia de Ciudad Juárez, donde el flujo de gente es poco y el flujo de autos en la noche y madrugada es mínimo o nulo. El patrón en el que se raptan a las mujeres a plena luz del día y en lugares transitados, y que por otra parte se abandonan en lugares poco transitados y de noche; nos hace preguntarnos la razón por la que no es tan importante la seguridad durante el secuestro, y que sin embargo si lo es durante él abandono de los cuerpos.

*¿Y si, nadie sube a las mujeres a la fuerza a un coche, sino que estas entren por propia voluntad a algún lugar del que ya no se les permite salir?, ¿y si, este lugar es una escuela de computación, un lugar al que asistan a través de anuncios de empleo, el baño de algún lugar concurrido o de los anteriores u algo similar?.*

> Yo soy aquella a la que llaman Vida,
> y vosotros me habéis llamado Muerte.
> Yo soy aquella a la que llaman Ley,
> y vosotros me habéis llamado Caos.
> Yo soy aquella a la que habéis perseguido
> y yo soy aquella a la que habéis apresado.
> Yo soy aquella a la que habéis temido,
> y a mí os habéis unido.

Los asesinatos y la experimentación con las mujeres fueron realizados a través de una metodología que incluía grupos experimentales, que compartían características fenotípicas y de edad similar, mismos que pensamos estaban seleccionados como grupos experimentales por varios motivos. Adicionalmente pensamos que hubo varios casos de mujeres aislados a estos grupos experimentales, y cuyo asesinato se realizó en los tiempos intermedios entre los distintos grupos, siendo que estas últimas muertes fueron probablemente impulsadas por necesidades experimentales, que surgieron como requerimientos adicionales a los experimentos grupales, es decir como experimentos de complementación, quizás con el objeto de reforzar, confirmar o validar resultados.

Los años de 1993 a 1999, se caracterizaron porque al principio de cada año, o finales del anterior, se asesino una niña; en el transcurso de los doce años de asesinatos, al menos treinta y nueve niñas menores a quince años fueron asesinadas.

*¿Y si, el asesinato de niñas puede deberse a diferentes causas, como a que, cada año los investigadores renueven su línea o líneas celulares?, y esto puede realizarse utilizando óvulos de niñas.*

Es sabido que *células madre* embrionarias presentan cromosomas estables y complementarios aun después de dos años de cultivo, sin embargo también, en promedio, sucede una mutación en algún cromosoma durante cada ciclo de división celular, así también se sabe que las anormalidades cromosómicas en óvulos, aumentan conforme aumenta la edad de las mujeres, así mismo y aunque el día de hoy se sabe que es falso, hasta el 2017 se creía que las células madre se desincronizaban respecto al ritmo circadiano que controla los patrones de día y noche y por tanto estas envejecían de una forma mucho más rápida. Razón por la que el uso de células madre de mujeres jóvenes se creía era más efectivo que el de mujeres de edad mayor.

y vosotros habéis sido desvergonzados conmigo.
Yo soy aquella que no guarda las fiestas,
y yo soy aquella cuyas fiestas son muchas.

## 1998

25 fueron las mujeres asesinadas en 1998 en Ciudad Juárez. Este año la recurrencia de mujeres directamente relacionadas con una maquila fue dramática con más de 10 de ellas. Jessica de solo 13 años fue a trabajar el 23 de diciembre (1997), saliendo pensaba ir por un regalo para su hermanito, Santa Claus sí iba a llegar ese año. Apareció el tres de enero, violada, sodomizada y estrangulada. Nunca más se volvió a hablar de Santa en su casa.

Arkansas es el estado número 25 en formar parte de los Estados Unidos. En el año 2017, los legisladores de este estado bloquearon una propuesta que pretendía detener fondos a universidades y colegios comunitarios que no cooperarán con autoridades migratorias. Durante los años en que sucedieron las dos grandes guerras, el estado permitió la migración latina para ayudar en las labores agrícolas que había sido descuidadas por la participación en la guerra de los granjeros. Una de las actividades primordiales de estas personas era durante la temporada de pisca de algodón.

Arkansas tuvo después de la última de estas guerras, un desarrollo importante en su industria avícola que requirió de trabajadores latinos que residieran allí de forma permanente, así también comenzaron a surgir necesidades en la industria de la construcción que hizo que su presencia fuese solicitada y aprovechada. Antes de los años 90 era común el ver a lo largo del estado distintos negocios, como los de alimentos, dirigidos por latinos.

Los hispanos representaban en el 2010, el 5% de la población del estado. La economía solida que se vive Arkansas, permite que la mitad de ellos sean dueños de su casa, así mismo el bajo costo de la vida comparado con otros estados hace del estado un sitio atractivo para la inmigración.

En el año 2010 la tasa de desempleo del estado era solo del 8%, mientras en el país era del 10%. El costo de una vivienda giraba alrededor de los 108 mil dólares contra los 188 mil que promediaba el restante país. Cerca del 75% de la fuerza laboral manufacturera de este estado es representada por latinos, sin embargo, cerca del 42% de ello son indocumentados. En 2008 el ingreso promedio de un latino era de 33 mil dólares.

> Yo, yo no tengo dios,
> y Yo soy aquella cuyo Dios es grande.
> Yo soy aquella sobre la que habéis reflexionado,
> y me habéis menospreciado.
> Yo soy incomprensible,
> y habéis aprendido de mí.
> Yo soy aquella a la que habéis despreciado,
> y reflexionáis sobre mí.

Martha es hallada tres semanas después de Jessica, fue la tercera mujer trabajadora de la maquila (*Phillips*) en ser asesinada. A Silvia la apuñalaron 20 veces, trabajaba en maquila (*Data Processors*). Raquel y otras dos mujeres se hallaron el mismo día de febrero, las tres trabajaban en una maquila, las tres habían sido mutiladas. Un mes después otra mujer hallada con treinta puñaladas, a un lado del río y en la zona de maquilas (*Waterfill*). Al siguiente mes los asesinos de Argelia a quién, habían mutilado, torturado y violado, la escondieron de la vista dentro de un tubo de desagüe.

Aún con el señor Terrazas como gobernador del estado, y más de cien mujeres muertas durante su gestión, las autoridades declararon que Argelia desapareció en el trayecto hacia la maquila dónde laboraba (*Mallincrodt Medicall*), el 13 de marzo (cuatro semanas antes del hallazgo de su cuerpo), mientras que en el expediente asentaron que esto había pasado una semana atrás, es decir el 6 de marzo. Entre todas las cosas que la Procuraduría ya había extraviado u omitido, no se encontraba la de perder una semana enterita, digo se habían perdido ya 5 años entre mentiras, chivos expiatorios, desinterés, etc. Pero esta fue una ocurrencia que solo a la gente del gobernador Terrazas pudo pensar, perder en los cajones de la mediocridad -toda una semana-.

Este último errorcito de las autoridades logro que por fin la *Comisión Nacional de los Derechos Humanos (CNDH)* interviniera y realizara su propia investigación; concluyendo que existía responsabilidad por negligencia y omisión culposa a varios niveles en las autoridades estatales, judiciales y municipales. Por supuesto que ni el señor Terrazas, ni ninguno de sus patiños se presento a declarar jamás ante ninguna autoridad federal, estatal u organismo internacional. Durante su gobierno, el señor Terrazas y sus compinches se dedicaron a desvirtuar la muerte de mujeres como un problema real, repitiendo una y otra vez la versión de que: "las mujeres muertas se exponían a ser raptadas y asesinadas porque llevaban una vida nocturna que las hacía proclives tanto por la compañía, como por los rumbos donde se movían, como por el horario en el que se movían", sin embargo muchas de estas mujeres fueron raptadas a la entrada o la salida de sus trabajos, como en el caso de Argelia. El discurso de las autoridades era, por un lado, que las mujeres lo propiciaron, pero por otro que los asesinos eran asesinos circunstanciales y de parranda, es decir que son clientes de establecimientos nocturnos de diversión y que eligen a las víctimas por la simple coincidencia de toparse en su camino. Innumerables pruebas y ejemplos existen, donde es obvia la selección premeditada de víctimas, cuyas características físicas y socioeconómicas son similares.

Cuatro días después de hallar a Argélia, es hallado el cuerpo violado, mutilado y apuñalado de una niña de dieciséis años también trabajadora de maquila. Cuatro días antes, el día que apareció Argelia; fue raptada Sagrario después de salir a las tres de la tarde de la maquila (*Capcom ó General Electric*), la hallaron trece días después, junto con otro cuerpo que también había sido violado, apuñalado en repetidas ocasiones y estrangulado. Un mes después Nora, quién trabajaba como guardia de seguridad en una maquila, fue hallada golpeada, torturada y estrangulada. También un mes después hallaron a Brenda de quince años, estudiante de secundaria, a quién habían golpeado y violado por ambas vías antes de estrangularla, había desaparecido cuatro días antes. Un año después se culpo de su muerte a un grupo de hombres a quienes denominaron los "Ruteros". Otra vez un mes después es hallada calcinada otra niña de quince años a quien mataron junto con su bebé de siete meses aún por nacer. Antes de terminar ese mismo mes se halló el cuerpo de Erendira de 17 años, quién fue atada, violada, estrangulada y cuyo cráneo fue destrozado.

Tres semanas después surge un caso más que pareciera ser obra de un imitador, como ya había sucedido antes. Una turista joven, de nacionalidad holandesa, fue mutilada y estrangulada en un hotel de la zona roja de Juárez, un caso diferente principalmente por el hecho de haber sido bien documentado (como sucede en México con cualquier delito contra estadounidenses y europeos) y por que, al ser una extranjera, dejo de ser invisible como lo eran todas las demás mujeres.

María Eugenia fue hallada 15 días más adelante. Después de que fuera golpeada, torturada, violada por ambas vías con un tubo, su cráneo machacado con una roca y su cuerpo aplastado varias veces por un vehículo. Dos semanas atrás, el *Diario de Juárez* público una nota en la que reproducía la declaración de una víctima quién dijo que había sido raptada, narcotizada y violada, los hombres quienes la abandonaron seminconsciente en una de las zonas dónde más cuerpos se abandonaban (Lote Bravo) se identificaron como agentes judiciales. La niña de dieciséis años dijo haber sido subida a la fuerza a un vehículo después de salir por la noche de su trabajo.

El flujo continuo de emociones que sacudió a todos aquellos que seguíamos de cerca los reportes y artículos sobre estas mujeres, en un mundo en el que apenas hacía su aparición de forma lenta y escueta el internet, nos hacía pasar del asombro, a la incredulidad, a la concientización abrupta de lo macabro que era nuestro sistema de justicia y nuestros gobernantes. Las mujeres de Juárez sacaron a muchos de su capullo de inocencia, sabíamos de lo sangriento y brutal que podían ser la ETA vasca (*Euskadi Ta Askatasuna*), el ERI (*Ejercito Republicano Irlandés*) o Pablo Escobar y su organización, pero no creíamos que alguien pudiera rebasar la línea que los asesinos de Juárez cruzaron, es más no sabíamos siquiera que esa línea existiera; y sin embargo estas personas seguían avanzando y alejándose cada vez más de ella.

El caso de María Eugenia fue tan brutal que junto a la nota del *Diario de Juárez* del periodista Armando Rodríguez Carreón (asesinado también años después por sus artículos), y la presión internacional por el hecho de ya incluirse a mujeres extranjeras entre las muertas, comenzaron a aparecer teorías como la de la existencia de películas llamadas snuff y dónde estas mujeres serían las actrices, o la de pactos secretos entre grupos de traficantes de drogas. La realidad es que las autoridades estaban cada vez más perdidas y seguían sin líneas de investigación.

Estábamos en 1998 y fue hasta el 2002, que las autoridades reconocieron su incapacidad, que se pidió la ayuda de Robert K Ressler, criminólogo y ex agente del FBI, persona que junto a John E. Douglas y Ann W. Burgess convirtieron en una ciencia a la criminología que, hasta antes de ellos, solo eran asesinatos clasificados como "sin resolver" y cuyo libro *Crime Classification Manual* es la primordial fuente de conocimiento para agentes de la ley, detectives e investigadores y cuya experiencia profesional puede actualmente verse en la serie de *Netflix, Mindhunter*.

El grupo denominado "Los Ruteros o los Chóferes" fue el grupo escogido un año después en 1999, por las autoridades como los nuevos chivos expiatorios para hacerlos responder por las muertes de estas mujeres, no son los primeros ni serán los últimos. Para el año 2005, el entonces Presidente de la Nación, Vicente Fox, afirmo que "la mayoría de los culpables de los crímenes contra mujeres en Ciudad Juárez, no solo se han identificados sino que además se hallan convictos", demostrándose una vez más que para el Poder Ejecutivo sin importar los colores que vista, es más importante el discurso, que la búsqueda de la verdad, y que el dolor de las madres y padres es algo por lo que no vale la pena involucrarse directamente.

Antes de abandonar el palacio de gobierno, el señor Barrio Terraza se encargo de que se eliminara toda la evidencia que existiera de los asesinatos; ropa, objetos, restos (*González Rodríguez*) esperando con esto quedar exonerado por su complicidad silenciosa. Apenas tomo el poder su sucesor Patricio González, dijo que solo recibió de su antecesor "expedientes inconclusos y costales de osamentas" (*González Rodríguez*).

En el año 2002, la *CNDH* (*Comisión Nacional de Derechos Humanos*) en un documento de más de cuatrocientas páginas se pronuncia sobre los asesinatos y en particular sobre las actuaciones de las distintas autoridades. El informe determina la responsabilidad de las autoridades estatales y federales en la violación de los derechos humanos de familiares y mujeres, de forma intencionada y en gran parte también por las múltiples omisiones incurridas durante el transcurso de las investigaciones. En el documento se instruye a que se lleven a cabo procedimientos de responsabilidad administrativa a varios de los servidores públicos, incluido el Procurador General del Estado, Arturo Chávez Chávez, cuyas investigaciones nulas, engañosas y manipuladas lo convirtió en el 2009, a los ojos del entonces presidente de la Republica como idóneo para asumir el puesto de Procurador General de Toda la República Mexicana. Para el presidente Felipe Calderón su nula capacidad y actitud para resolver los crímenes de Juárez, lo hacia la persona óptima para continuar la guerra contra el narcotráfico que había comenzado sin un plan claro de acción, y para la que necesitaba un currículo similar, alguien que dirigiera una guerra sin estrategia y sin metas claras a alcanzar. Desconocemos que hizo el presidente en turno Vicente Fox con el informe sobre los asesinatos de mujeres realizado por la *CNDH* y dejado en su despacho, pero por las acciones tomadas en relación a el, es probable que lo haya depositado inmediatamente y junto con sus cuatrocientas páginas sin leer, en su bote de basura.

> Yo soy aquella de la que os habéis escondido,
> y aparecéis ante mí.
> Pero cuando os escondáis,
> yo apareceré.
> Pues cuando aparezcáis,
> me esconderé de vosotros.

El ser humano ha sido siempre atraído por los límites. Hay una tira delgada en la que el ego siempre acaba enovillado, más aún cuando se justifican en nombre del progreso. Las peores atrocidades se han realizado envueltos por la capa de autoridad que brinda un motivo solido, en una mente opacada por el orgullo, la ignorancia y la autocontemplación. En el siglo XIX era posible en muchas partes del mundo adquirir esclavos, en el mundo actual se practica el tráfico de personas con fines de esclavitud sexual o laboral. El siglo pasado nos mostró lo que un régimen totalitario podía hacer con judíos, homosexuales, gitanos y muchos otros grupos de la sociedad, considerados -por una población que padecía la peor combinación de defectos morales que puede existir; ego e ignorancia-, como diferentes. Los experimentos de Josef Mengele en gemelos, acondroplasicos, mujeres embarazadas, heterocromos y dónde eran amputados, o inoculados con enfermedades, inyectados con químicos para después ser muertos y diseccionados, dan muestra de lo que es posible si la humanidad no encuentra mecanismos de autocontención. En el mismo siglo en

Tuskegee, Alabama, el gobierno federal a través del Servicio de Salud experimento durante más de cuarenta años, con hombres afroamericanos infectados de sífilis, sin su consentimiento y mediante engaños. Los abusos efectuados en los últimos tiempos a pacientes mentales en clínicas han dado la vuelta al mundo, como los cometidos en Montreal, con el proyecto *MK Ultra* de la *CIA* (*Central Intelligence Agency*) dónde liderado por el psiquiatra Ewen Cameron trataron por años de cambiar patrones de comportamiento y lavado de cerebros en pacientes que incluían electroshocks, sueños inducidos que duraban meses, altas cantidades de *LSD* (ditelamida del ácido lisergico) y mensajes grabados conectados a sus cabezas por lapsos de varias horas.

El contexto científico y los avances que han permitido el estudio con *células madre* son distintos, y entre estos hallamos el nacimiento de Louis Brown, la primer bebé nacida por el procedimiento desarrollado por los doctores Patrick Steptoe y Robert Edwards de *fertilización in vitro*. Pocos años después es que el embriólogo danés Steen Willadsen logra sustituir el núcleo de un óvulo por una célula de embrión, ambos de cordero, generando los primeros clones de mamíferos y aunque todos los adultos creados presentaron anomalías, solo trece años adelante, Ian Wilmut, Keith Campbell y su equipo clonaran al primer mamífero a partir de células adultas, la oveja Dolly.

A partir del anterior experimento la técnica permitió la generación de muchos otros clones de mamíferos, sin embargo, Dolly falleció a lo seis años, después de haber generado inesperadamente artritis y una enfermedad crónica pulmonar debida a cáncer de pulmón. Hasta el día de hoy la clonación de animales ha generado solo resultados parcialmente positivos.

> Y venid a mí quienes me conocéis,
> y quienes conocéis mis miembros,
> y estableced a los grandes entre las pequeñas primeras criaturas.
> Venid a la infancia,

## 1999

En el año de 1965 se establecen políticas para fomentar la industria maquilera estableciendo el *Programa de Industrialización de la Frontera Norte*. La intención gubernamental además de crear nuevas fuentes de empleo era también la de incrementar la entrada de divisas al país, en el marco de una economía pujante, principalmente de origen estadounidense y que buscaba reducir costos de operación sacando la producción fuera de su país y llevándola a países con menor costo de mano de obra y menores costos indirectos atribuidos a los derechos laborales.

En el año de 1966 se construyo el primer parque industrial en Ciudad Juárez. La primera maquila establecida se dedicaba a manufacturar televisores. Un año después se abre el segundo parque industrial, en el municipio de Nogales, Sonora. Poco a poco fueron aperturándose más parques a lo largo de la frontera norte, particularmente para 1973 ya había más de cien empresas solo en Baja California (Mexicali, Tecate y Tijuana), también se abrieron parques en Tamaulipas, Nuevo Laredo, Reynosa y Matamoros. Solo en Sonora se instalaron 40 empresas. Otros lugares dónde se abrieron industrias manufactureras fueron Nogales, Agua Prieta, San Luis Río Colorado, Acuña y Piedras Negras.

Para el año de 1970 en Ciudad Juárez ya funcionaban veintidós empresas de capital extranjero que empleaban a más de tres mil personas y que convirtió a la ciudad en un imán que atraía gente de toda la república. Según el sociólogo e historiador Raúl Flores "Era una ciudad que no estaba preparada para recibir a la maquiladora; Juárez es una ciudad con planeación ausente que creció por intereses de los especuladores de la tierra y la llegada de la industria condenó a mucha gente a carecer de servicios. No creció al mismo ritmo la oferta educativa, hospitalaria y de servicios".

En 1980, la ciudad ya contaba con la presencia de cincuenta y dos empresas distribuidas en cuatro parques industriales. Una de las consecuencias directas de la maquila fue la de insertar de forma predominante a la mujer dentro del mundo laboral, empoderándola en su independencia, pero ubicándola en los diferentes estratos de una sociedad machista que no aceptaría tan fácil la competencia femenina.

y no la menospreciéis por su pequeñez.

Es en la ciudad de Nueva York, dónde se encuentran los corporativos de la mayoría de las maquilas que asientan gran parte de sus operaciones en la frontera mexicana.

El soneto de Emma Lazarus al nuevo coloso, es la bienvenida que se ha dado por muchos años a todo aquel migrante que llega a América, -como los estadounidenses y su enorme ego llaman a su porción del continente-; Lazarus describe el espíritu de una gran parte de un pueblo enriquecido y bendecido por la multitud de razas y colores que lo conforman.

> No como este gigante de bronce de la fama griega
> Cuyo talón conquistador atravesó los mares
> Aquí, a las puertas del sol poniente, batirán las olas
> Una mujer poderosa con una antorcha, cuya llama
> Es el relámpago encarcelado, y su nombre es
> Madre de los exiliados. Su antorcha
> Bienvenidos al mundo; su dulce mirada cubre
> El puerto conectado por puentes colgantes que enmarca las ciudades gemelas
> "¡Guardia, Viejo Mundo, tus esplendores de otra época!" proclama
> De sus labios cerrados. "Dame tu pobre, tu agotado,
> Tus innumerables masas aspiran a vivir libres,
> El rechazo de tus orillas superpobladas,
> Envíalos a mí, los desheredados, que la tormenta los traiga de vuelta
> ¡Estoy poniendo mi luz sobre la puerta de oro!

Con una población en el 2020 en lo que es el área metropolitana, es decir Nueva York, Newark y Jersey City de 20 millones de personas, los latinos ocupan con sus 5 millones una cuarta parte, y el lugar número cuatro, entre los estados con mayor número de latinos, y un 6.6% de la población del país. En toda la nación esta población aporta 25 millones de trabajadores, representando el 16% de la población laboralmente activa del país; solo en 2014 los latinos representaron la mayor población demográfica trabajando en el mundo. Hablando solo del campo, la comunidad latina aporta a 3 millones de personas. En el área metropolitana de Nueva York las actividades económicas preponderantes de los hispanos son el comercio, los servicios y la construcción, solo a un 16% de ellos les sería posible hacer su trabajo desde casa; en general los trabajos a los que tienen acceso son de bajo ingreso y no es común hallarlos en puestos gerenciales o de alto perfil.

Actualmente las comunidades con mayor asentamiento de son los condados de Rockland y Fairfield. 5 millones de latinos viven en solo diez ciudades de Nueva York, Nueva Jersey y Connecticut. Al menos 1.2 millones han asistido a la escuela y 1 millón acabaron el bachillerato. Una situación fundamental es que actualmente representan el 25% del voto en el estado.

Muchos son los beneficios de la fuerza laboral latina en el estado, pero de forma indirecta afectan de forma positiva distintas industrias, como la de bienes raíces; los aproximadamente dos millones de migrantes que han llegado al estado desde 1980, son los responsables del aumento de 180 billones al capital de vivienda, su influencia en la activación de muchas áreas económicas es notable; en el periodo entre 1980 y 2013 se construyeron con ayuda de su mano de obra 400 mil viviendas que dieron trabajo a muchos neoyorkinos.

Nueva York fue siempre el principal puerto de entrada de migrantes que arribaban por el Atlántico, y que a partir de los años sesenta del siglo pasado mantuvieron un incremento constante de su población latina también vía terrestre. Ente los años 2000 y 2015 esta población creció en un 14%, y de los que más de la mitad nacieron en el país. Con barrios predominantemente latinos como Washington Heights, los hispanos se distribuyen en muchos vecindarios creando un grupo unificado principalmente por el idioma y elementos culturales similares, que ejercen una influencia positiva y preponderante en la ciudad, en los ámbitos culturales, empresariales, artísticos, gastronómicos, etc.

Nueva York siempre ha abierto sus puertas a personas de distintas nacionalidades que han sido sometidas a diferentes tiranías y regímenes opresivos. Desde el siglo pasado los regímenes militares de los 70 en Argentina, Uruguay y Chile, a los exiliados Cubanos en los 50 y 60 y los marieles de 1980, o también en los 60 después de la caída de Trujillo y los miles de Dominicanos que emigraron; las guerras civiles guatemalteca y salvadoreña de los 80 o en los 50, el golpe militar en Honduras, y la revolución y guerra ocurrida en Nicaragua y desdé hace algunos años la dictadura opresiva de Venezuela y la toma de poblaciones enteras por parte del narcotráfico mexicano, que ha obligado a migrar a poblaciones enteras, ante la pasividad y contemplación del Estado mexicano, misma que se ha incrementado con el gobierno actual indolente, cínico, despreocupado y ajeno a esta problemática.

> Yo soy el conocimiento de mi pregunta,
> y el hallazgo de aquellos que me buscan,
> y la respuesta a quienes preguntan por mí,
> y el poder de los poderes en mi conocimiento
> de los ángeles, que han sido enviados a mi palabra,
> y de los dioses en su edad por mi consejo,
> y de los espíritus de cada hombre que existe conmigo,
> y de cada mujer que habita en mí.

El año de 1999 fue un año dónde aparecieron pocas mujeres. Pero hubo dos incidentes del todo significativos y relacionados; el primero de ellos fue el caso de Nancy de catorce años quién en el mes de marzo sobrevivió a un ataque en el que fue violada y casi estrangulada.

Nancy trabajaba en el turno nocturno de la maquila *Motores Eléctricos*. Nancy fue conducida por el chofer del autobús de pasajeros contratado por la planta maquiladora dónde ella trabajaba, a Granjas Santa Elena, en la misma zona de la carretera a Casas Grandes dónde se han descubierto una gran cantidad de mujeres muertas. Allí fue desnudada, violada, estrangulada y abandonada sin identificación alguna; sin embargo, ella sobrevivió al ataque, caminó hacía un caserío y denuncio a su agresor. El agresor fue inculpado por las nuevas autoridades, ya para este momento a cargo, del nuevo gobernador del estado Patricio Martínez del *PRI*. El inculpado fue acusado también de ser el líder de toda una banda a la que se le denomino como "los Chóferes" o "los Ruteros". Una vez más y aleccionado por las estrategias de su predecesor Barrio, la identificación de estos hombres se dio a partir de su confesión, misma que años después aseguraron habían ocurrido bajo tortura.

El segundo hecho de importancia, este año fue el de que comenzando en el mes de noviembre y con duración de dos meses se estableció el corto romance entre el *FBI* y la *PGR* en la búsqueda de fosas comunes. El operativo denominado *Plaza Sweep*, incluyo algunos ranchos que se sabía estaban relacionados con el narcotráfico, entre ellos estaban el rancho *Tiradores del Norte*, en el kilómetro 4.5 de la carretera a Casas Grandes, el rancho *la Campana* en el kilómetro 27 de la misma carretera, el rancho *Santa Elena* atrás de *Pemex* y por último el rancho *Santa Rosalía* en el municipio de Ascensión.

Aunque en el operativo se hallaron nueve cuerpos -de los que según se dijo ninguno era de mujer-, no tuvo el éxito que la *PGR* y el *FBI* esperaban. Los cuerpos hallados, se cree son derivados de ajustes de cuentas y venganzas entre narcotraficantes, sin embargo, cerca del rancho *la Campana* se han hallado en diferentes épocas, cuerpos de mujeres asesinadas con *modus operandi* similar entre ellas.

El año de 1999 se caracterizo por muy poca actividad criminal en relación con estos asesinatos, ya que solo se documentaron siete de ellos, y de los que creemos al menos cuatro sí pertenecieron a un nuevo y *quinto grupo* experimental, básicamente con edades entre 13 y 20 años.

> Yo soy aquella que es honrada y alabada,
> y quien es menospreciada con desdén.
> Yo soy paz,
> y guerra que ha venido por mi causa.
> Yo soy extranjera y ciudadana.
> Yo soy la substancia y aquella que no tiene substancia.

A lo largo de 12 años sucedieron al menos trece calcinaciones en los cuerpos, incrementándose estas en los años 1998 y 1999, y esto pudo suceder quizás, debido a un intento por ocultar evidencia en el cuerpo, probablemente de un embarazo, u alguna otra pista en los órganos reproductivos de estas mujeres. Así mismo durante los mismos doce años, al menos cinco de las mujeres asesinadas se hallaban embarazadas. Por otra parte, en cuatro mujeres entre 1993 y 1995, se hallo en su vagina la presencia de un líquido blanco similar al semen, pero que no lo era.

Cinco de las mujeres asesinadas durante la docena de años de asesinatos, eran estudiantes de nivel preparatoria, y dónde dos de ellas pertenecían a la preparatoria *Ignacio Allende*. Siete niñas asesinadas eran estudiantes de nivel secundaría, y una, más de nivel primaría, se hallaba adscrita a la primaria *Gabino Barreda*, misma primaria a la que años antes de ser asesinada, se hallo inscrita otra diferente niña. Así también al menos ocho de las mujeres asesinadas, se hallaban inscritas a una escuela de computación, donde cinco de ellas pertenecían a una de nombre *Ecco*, así mismo al menos otras tres mujeres desaparecidas también estudiaban en una escuela de computación. Por otra parte, dos mujeres trabajaban en la mercería *Estrella*, y cinco más tuvieron relación con una zapatería, donde en cuatro de esos casos, fue con la zapatería *3 Hermanos*.

Al menos veintiocho mujeres sufrieron mutilación, en algunos de los casos estando aún vivas. Por lo menos doce de ellas, fueron mutiladas en los senos o en los pezones, repitiéndose el hecho de que el pezón izquierdo fuese arrancado principalmente a mordidas y el seno derecho cercenado.

> Aquellos que no están conmigo me ignoran, y aquellos que están en mi sustancia son aquellos que me conocen.
> Aquellos que están cerca de mí me han ignorado, y aquellos que están lejos de mí son aquellos que me han conocido.

## 2000

El estado de Massachusetts y particularmente la capital progresista de Boston, son un ejemplo de cómo las ciudades adaptadas, educadas y modernistas, generan riqueza a partir de todos los elementos que la constituyen, sin necesidad de empobrecerse en sus valores constitutivos. Pasando de ser una economía agrícola y pesquera, a una manufacturera a inicios del siglo XIX, es hoy, centro mundial en biotecnología, educación universitaria, finanzas, comercio marítimo e ingeniería.

Se espera que para el 2035, la población latina del estado sea de 1.15 millones y represente el 15% de la población estatal. La población migrante desde distintos países de América ha venido en un aumento constante en el estado, pasando de casi medio millón en el 2000, a 630 mil en 2010 y a los 950 mil que se esperan en 2025. Actualmente con sus 850 mil, representan el 12% de la población del estado y el 20% de la población de Boston, con un 14% de la fuerza laboral en el condado de Suffolk, que además de Boston incluye, Winthrop, Revere y Chelsea y con un 10% de los propietarios de locales comerciales de la capital. La fuerza laboral latina ha crecido en 60% en los años del 2010 al 2015, pasando del 2 al 14%. Casi la mitad de los hispanos nacieron allí.

Con más de 18 mil empleos en dónde el sector educativo, el de salud y la asistencia social ocupa a cerca del 28% de los latinos. Con los sectores de transporte, servicios públicos y almacenaje con un 23%, y los sectores de entretenimiento y servicios de alimentos con un 19%. La media anual de ingresos esta muy por debajo de la media del estado, con 29 mil, contra los 45 mil dólares promedio de los no hispanos; diferencias debidas principalmente a la falta de educación profesional, con solo un 6.6% de latinos que poseen título universitario contra el 19% del total de la población de Boston.

Boston también se destaca en que los latinos comienzan su crecimiento como emprendedores y dueños de negocios propios, dejando atrás el lugar que tradicionalmente ocupan casi exclusivamente con trabajos de cuello azul. Con un crecimiento del 60% del 2007 al 2012, como propietarios de negocios, y generando un aumento del 115% en el miso periodo en sueldos erogados y trabajos creados.

La llegada del gobernador republicano Charlie Baker en 2016 al estado, pretendió generar el clima de desconfianza y enemistad hacia los latinos que venía sucediendo en otras partes del país, al derogar el amparo de su predecesor Deval Patrick, que impedía que agentes del orden arrestaran latinos por petición de inmigración, o preguntar sobre su estado migratorio, si estos no habían cometido un delito grave. Patrick en su momento también se opuso al programa de Obama de Comunidades Seguras, por servir para deportar mucha gente que no había cometido ningún delito, tal y cual era el propósito del programa.

En mayo del 2018, se voto la enmienda propuesta por el senador Jamie Eldridge, quedando aprobada y una vez mas separando las labores de la fuerza publica de las de las autoridades migratorias, permitía a las personas, negarse a responder preguntas de su estado migratorio en ofensas menores o por otra razón que no fuese un delito grave, y prohibió también el uso de recursos estatales para crear un registro que se basara en religión, etnicidad, país de origen, etc.

> En el día en que me aproximo a vosotros, estáis lejos de mí, y en el día en que me alejo de vosotros, estoy a vuestro lado.

Comenzamos un nuevo siglo, un mucho felices pero un poco desconcertados por que el mundo no desapareció. No para la mayoría, aunque si se volvió color granada para las madres y los padres de trece mujeres, y para quién si desapareció fue para aquellas que dejaron de estar, o siguieron estando y su mundo fue el que se les arrebato, lo cierto es que ya no volvieron a ser abrazadas por sus madres, no volvieron a cruzar miradas con sus padres.

Como era de esperarse la aprensión de nuevos inocentes, no podía terminar con los crímenes. No tardaron mucho en reaparecer, pero esta vez más confiados, por saber que ya había culpables confesos, los verdaderos asesinos decidieron expandirse trecientos cincuenta kilómetros y comenzar a matar en Chihuahua. Es verdad que al igual que el año anterior fueron pocos los casos, solamente nueve en Ciudad Juárez. Las mujeres de Chihuahua más sorprendidas que indefensas fueron cuatro.

Comenzaron en Juárez, en enero; primero la violaron y después la estrangularon, por último, la depositaron en el cerro junto a su ropa; pese a lo pobres que eran las autopsias un detalle en sus dientes (bruxismo) se acento en el expediente como probable epiléptica. A la semana una María acuchillada, degollada y calcinada había sido robada del abrazo de su hijo tres semanas antes cuando se dirigía a su maquila (*Avery de México*), fue que estuvo dos semanas cautiva, acababa de cumplir la mayoría de edad. A los cuatro días aparece Ceci, poblana y cercana a los veinte años; aparece Inés a las dos semanas, golpeada, violada, desnucada y con sus zapatos cubiertos de la vista, por su pantalón envolviéndolos con cautela. Ella era veracruzana y apareció mes y medio después, su maquila era otra (*Elamex*) pero también fue violada y desnucada, solo vivió diecisiete años.

Era mayo cuando -también de diecisiete años- Amparo inicia el grupo de mujeres que ahora serían muertas en Chihuahua. También trabajaba en la maquila (*ACS*). Jacqueline de catorce también fue violada y asesinada a los pocos días y abandonada detrás de una maquila (*Motorola*). A fin de junio y de nuevo en Juárez, Liliana de 17 quién había muerto en marzo y vista por última vez en una zapatería (*3 Hermanos*), fue hallada en el cerro, asistía también a la escuela de computación *Ecco* antes de ser violada y golpeada. Al mes dentro de una bolsa plástica aparece Irma, quién al salir de su maquila (*Electromex*) fue secuestrada, violada y apuñalada. En octubre fue que se hallo a María quién fue raptada en junio y estuvo retenida entre 15 y 30 días.

Erika una estudiante de ingeniería, fue la última muerta este año, una vez más en Chihuahua, también asistía a la escuela *Ecco* de computación, ese día salió de su casa rumbo a la estética, quería verse bonita. Nunca sabremos si pudo verse en un último espejo y sonreír satisfecha.

Al igual que en el año previo, el 2000 se caracterizo por la misma baja, en el número de asesinatos relacionados, siendo que solo se documentaron en Ciudad Juárez, nueve de ellos. *¿Y si, solo cinco, creemos conformaron un sexto grupo experimental como tal?, aunque hay que hacer notar, que en este año comienzan los asesinatos con modus operandi similar, en la ciudad de Chihuahua, donde se documentaron tres de ellos, de los cuales, al menos dos, creemos son parte del mismo sexto grupo experimental, quizás para confirmar los resultados de Ciudad Juárez.*

*¿Y si, este fue un nuevo grupo experimental (el sexto) y las mujeres de Chihuahua fueran el grupo control, el que permitiese corroborar los datos de Juárez?*

> Yo soy el control y la incontrolable.
> Yo soy la unión y la disolución.
> Yo soy la permanencia y yo soy la disolución.

> Yo soy la que está abajo,
> y ellos vienen sobre mí.

Un año antes, en 1999, la compañía ubicada en el progresista Massachusetts, *Advanced Cell Technology* anunciara el éxito de su procedimiento de *Transferencia Nuclear de Células Somáticas (SCNT)* que implicaba la obtención de un embrión a partir de un óvulo y una célula somática, es decir una célula no reproductiva, es que se reporta que el investigador de la *Universidad de Agricultura y Tecnología de Tokio*, Setsuo Iwasaki, había retirado el núcleo de 27 óvulos de vaca y los había sustituido por núcleos de células somáticas humanas, rebasando la línea invisible y temida entre dos especies diferentes, y dónde una de ellas era la humana. Dos años después en el 2001 una compañía australiana, llamada *Stem Cell Sciences* reporta la creación de un embrión clonado a partir de un óvulo de cerdo y una célula somática humana. Entre las connotaciones más importantes de haber rebasado los previos límites, es que la mitocondria del cerdo (pequeño organelo en el exterior del núcleo celular que es dónde se halla la información genética) aporta hasta el 1% del *ADN* total del embrión formado, y esto permitió a autoridades de salud de varios países como Australia, refutar que el producto formado fuese considerado un clon humano como tal, y por otro lado y mucho más importante, es que si algún laboratorio llevara esta técnica hasta el punto de dar a luz a un humano, no habría manera de saber con antelación las aberraciones genéticas que este pequeño porcentaje de *ADN* exógeno, podría causar en un bebé humano.

También en el 2001, la compañía *Clonaid*, cuya sede se encontraba en las Bahamas y era dirigida por Claude Vorilhon y Brigitte Boisselier, anunciaron que antes de fin de ese mismo año, habrían clonado el primer bebé humano. Vorilhon además, encabeza una secta religiosa conocida como "los Raelianos", fundamentada en la creencia de que el ser humano es producto de un experimento llevado a cabo por entidades de un planeta diferente. El gobierno de los Estados Unidos afirmó que esta compañía tenía un laboratorio escondido en alguna parte de ese mismo país, con el objeto de llevar a cabo los experimentos de clonación humana. El precio que en el año 2001 cobraba esa compañía para clonar un ser humano, era de 200 mil dólares. Clonaid nunca dio pruebas públicas de haberlo realizado.

En el 2004, científicos de la *Universidad Nacional de Seúl*, en Corea del Sur, anunciaron la clonación exitosa de un embrión humano, mientras que, en mayo del 2005, un grupo ubicado en el Reino Unido y dirigido por Miodrag Stojkovic anuncia la clonación efectiva de un embrión humano, siendo de esta forma los primeros dos grupos en anunciar dicho logro.

Estados Unidos es el único lugar del mundo donde el mercado dicta la compra y la venta de material genético, ya sea a través de genes individuales o de gametos humanos. Como contraparte en varios países de Europa, así como en Sudáfrica, la donación de óvulos es ilegal.

*Yo soy el juicio y la absolución.*
*Yo, yo soy la sin pecado,*
*y la raíz del pecado deriva de mí.*

# 2001

Era el año 2001 y en esta ocasión era Patricio Martínez del partido tricolor quién debía llevar las riendas del estado, como parte de su campaña, había prometido terminar por fin con las muertes de niñas y mujeres -hasta esos días cercanas a las 140- y cuyo destino había sido proscrito, por otras personas, varias, que decidieron que el futuro de una mujer pobre -como casi todas las mujeres a quienes sustrajeron la vidas-, no era un destino que a nadie le interesara conservar, eran mujeres sustituibles, desechables, olvidables.

Era un año en el que llegaban a Ciudad Juárez más de mil personas, la mitad mujeres, huyendo de la pobreza y la falta de oportunidades que el presidente en turno, el presidente del cambio había prometido modificar. Por primera vez el discurso hablaba de mexicanos, pero también de mexicanas, por primera vez se acentuaba la palabra, aunque no llevará la tilde. El discurso decía entre otras cosas que se les daría las mismas oportunidades, que se les alejaría de la violencia que cotidianamente se ejercía contra ellas, -en la mayoría de los casos por un miembro de su propia familia-, pero el discurso, solo era discurso, como suele suceder en este país; así que cada día llegaban a la frontera con El Paso, Texas más de mil mexicanos y centroamericanos intentando dejar atrás las pandillas, el hambre y la violencia.

Estaba por comenzar también una nueva era republicana en la casa blanca y se esperaban cambios importantes en las políticas migratorias de George Walker Bush respecto a las de su demócrata predecesor William Clinton. La propuesta y aplicación de estas, estaba programada para comenzarse ese mismo año, sin embargo, el país no esperaba lo que sucedería nueve meses después; gestándose por más tiempo que un bebé, Al Qaeda llevaba a cabo un plan tan magistral y diabólico que le guardaba un espacio *VIP* a todos sus integrantes junto a los asesinos de Juárez, en el séptimo círculo de Dante.

La masacre sobre el emblema de Nueva York opacó de alguna forma el intento de asesinato del presidente, en el que se pretendía dejar caer un avión sobre su despacho oval; muy cerca de los majestuosos monumentos a dos de los grandes líderes de la historia moderna, George Washington y Abraham Lincoln. La ciudad de Washington, cabeza de los Estados Unidos, posee junto a su conurbada Baltimore, mas de 8 millones de latidos que todos los días la retumban y la convierten en un ser vivo y despierto. Para el año 2019 cerca de un millón de esos latidos, lo hacían a ritmo de salsa y cumbia, siendo el 12.5% de la población del estado. Con el mayor ingreso promedio de esta comunidad en todo el país, la media de la percepción al año es de 61 mil dólares y con la grandiosa peculiaridad de que, uno de cada cuatro adultos es poseedor de un título universitario, situación que es el doble de la media de todo el país, sin embargo, la misma cantidad de latinos no tienen siquiera terminado su High school.

Una de muchas consecuencias de los atentados, fue el que la propuesta migratoria de Bush tuvo que esperar unos años más, y resultó ser más que una propuesta, un programa de trabajo, pero que permitía la llegada de trabajadores latinoamericanos por periodos renovables de tres años y en particular en labores de las que los estadounidenses no se querían ocupar.

Al menos durante la construcción de su lujoso hotel en esta planificada y enigmática ciudad, Trump hizo uso de la fuerza constructora de muchos latinos, algunos con documentos y otros sin ellos. Entre 1980 y 1990, Trump recibió una demanda firmada por cerca de doscientos inmigrantes polacos ilegales a quienes pagaba menos que lo establecido por ley, esto durante la demolición de lo que luego sería la torre Trump en Manhattan, Nueva York.

> Yo soy lujuria aparente,
> y en mí habita la castidad.

La maquila en Juárez empleaba en el año 2001, a cerca de 100 mil mujeres. Susana era una de ellas. Ese día de enero del 2001, bajo del auto como le dijeron. De un cesto en el que había mucha ropa de mujer, usada y sucia pero la mayoría de la misma talla; había tomado una minifalda verde, no lo pensó mucho, pero siempre le había gustado el verde, le recordaba las plantaciones de espinaca de su pueblo, ahí en Michoacán. Le habían dicho que se vistiera rápido que ya se iba a su casa, cuando mencionaron casa, su cerebro no pudo evitar hacer la asociación con los campos verde militar. Del mismo bote saco unos zapatos sencillos, de piso, de esos que te venden por catálogo y que le quedaban. La blusa era lo único que le dejaron conservar desde el día que llego ahí, dos semanas atrás. Bajo de la camioneta como le dijeron, sin voltear atrás.

Una familia que paseaba a su perro la hallo tres días después, el 14 de enero. La falda que ya no era verde sino cobriza por la tierra, se hallaba a un lado del cuerpo. Había sido golpeada y violada para inmediatamente robar el aire de sus pulmones de forma rápida al asfixiarla con dos manos fuertes, grandes, de hombre.

Lilia Alejandra fue la segunda, meses después hubo ocho más -juntas-, todas abandonadas ahora para ser vistas, regodeándose en un baño de impunidad, en esta ocasión la dejaron frente al centro comercial *Plaza Juárez*. Como una historia inimaginativa dónde las muletillas y los lugares frecuentes se repiten una y otra vez, este escrito, esta narración se repite en cada una de sus páginas, con las mismas palabras: secuestrada, mutilada, violada, atada, torturada, estrangulada. Puedes contar si acabaste de leer esto la palabra violada, más de 156 veces, si estás tan desocupado y buscas la palabra secuestro, la hallaras 198 veces, en caso de que estés parado en el aburrimiento de la fila para aplicar por tu visa a Estados Unidos podrás entretenerte contando las 112 veces que aparece las letras ordenadas que conforman la palabra estrangulada y las 72 que aparece acuchillada. El libro ya es un resumen, en este libro no hallaras todas las muertas, solo hallaras doscientas. Doscientas mujeres, que fueron secuestradas, violadas, atadas, torturadas, mutiladas, acuchilladas y estranguladas, que te hace preguntar si los asesinos ¿llevaron un conteo?, si los asesinos alguna vez ¿sintieron algo?, si los asesinos ¿se aburrieron? Si esto hubiera continuado por mucho más tiempo ¿hubiéramos dejado de llorar?, ¿lo normalizaríamos? Veinte años después ¿lo olvidaríamos?, treinta años después dejaríamos de tratar de saber ¿qué fue lo que en realidad ocurrió?

Lilia Alejandra salió de su maquila (*Servicios y Ensambles*) rumbo a su casa, era día de San Valentín y tenía planes. Estuvo atada los cinco días de su secuestro, los cinco días que pensó que, sí hacía lo que le pedían, la iban a dejar ir, los cinco días en que no dejo de pensar en Jade y Caleb sus hijos.

-La noche del 19 de febrero (el día que murió; no el día que fue secuestrada), una mujer alertó a varios vecinos de la calle Rancho el Becerro sobre la presencia de un automóvil blanco marca *Thunderbird* estacionado frente al negocio *Tecniservicio Domínguez (Rancho el Becerro, Fracc Pradera dorada)* propiedad de Jorge Domínguez, ex técnico de la maquila *Phillips*. La joven reporto que alguien trataba de meter a la fuerza a una mujer al vehículo. El vehículo estaba estacionado con el frente hacía el sur y en su interior había mucha actividad como si alguien estuviera peleando, o quizás como si una pareja estuviera teniendo relaciones sexuales. Más tarde un hombre que aparentemente vigilaba el vehículo, desapareció y al parecer se introdujo en el *Tecniservicio Domínguez*. Las autoridades no hicieron caso al recibir la primera llamada al número de emergencia, alrededor de las 10:15 p.m., dónde se reportaba que la mujer estaba siendo golpeada y violada por al menos dos hombres dentro de dicho vehículo; y fue hasta las 11:25 p.m., que se mando una patrulla al lugar. Se sabe que el segundo piso de ese establecimiento fue remodelado a los pocos días-

Lilia Alejandra fue violada tumultuariamente, torturada, mutilada y estrangulada unas horas antes de abandonar su cuerpo. Por la tarde estudiaba computación en la escuela *Ecco*, (a la que años después le pusieron debido a la publicidad negativa que surgió *Grupo Incomex Centro de Computación* y que en la actualidad está cerrada). El 20 de febrero, se hallo en un lote baldío adyacente a la calle Rancho Agua Caliente, en el rumbo que había tomado el vehículo *Thunderbird* la noche del 19 de febrero, el cuerpo de una mujer. Era Lilia Alejandra, quien había estado desaparecida por varios días, mismos en que el *Tecniservicio Domínguez* había sido remodelado. La policía hallo residuos en las calcetas de Lilia Alejandra de cierto pegamento, idéntico al que se utiliza en la instalación de alfombras. Además, la víctima presentaba quemaduras del tipo que se generan al ser la piel arrastrada por una alfombra.

Entre febrero y marzo del 2001, desaparecieron en la ciudad de Chihuahua cuatro mujeres: Rosalba de 16 años y, Minerva de 18, Julieta de 17 y Yesenia de 16. A ninguna de las cuatro se les volvió a ver.

De regreso a Juárez, en mayo se halla a Irma embarazada y de 18 años, quien después de violar le habían pasado encima con un vehículo. A María la dejaron atrás de otra maquila (*Coclisa*) después de violarla y estrangulada.

De vuelta a Chihuahua es en junio que es hallada en el panteón de la ciudad, el cuerpo de Erika, le habían amputado tres dedos y su cabello arrancado y esparcido en los alrededores. Era estudiante de secundaria y la habían secuestrado por seis días. Si ya los asesinatos de mujeres en México habían dado la vuelta al mundo, los cuerpos que se hallarían tres y medio meses después, estarían en la primera página, de todos los diarios, de todas las mesas durante el desayuno de millones de familias a lo largo del orbe. Las mujeres halladas los días 6 y 7 de noviembre también serían el tema en miles de mesas de café, dejando por primera vez a un costado, el monotema que abarco la narrativa durante dos meses referente a los atentados del 9/11.

El primero de los ocho cuerpos hallados en los campos algodoneros (Prolongación de la avenida Ejercito Nacional y Paseo de la Victoria) en esos dos días, fue el de Claudia con solo 15 años y trabajadora de maquila, había sido asesinada probablemente dos meses antes y seguramente al menos, de diez a quince días atrás.

Pese a la lupa con que el trabajo del nuevo gobernador y las autoridades estaba siendo fiscalizado, comenzaron a circular los reportes e informes de distintas autoridades del estado, en dichos reportes se hallaron diferentes datos muchos de los cuales una vez más y de forma garrafal se contradicen entre ellos, sobre todo en lo referente a los nombres de las víctimas y a los tiempos de desaparición, así mismo información crucial fue omitida o simplemente no investigada a fondo, de aquí que este nuevo grupo de mujeres y su análisis pueda llegar a ser más confuso de lo que ya venía siendo; por ejemplo en un reporte se dice que Claudia murió dos meses atrás, mientras que en otro se asienta que la muerte ocurrió de 10 a 15 días atrás. La realidad es que se sabe que a Claudia le negaron el acceso a la maquila (*Lear*), el 10 de octubre (un mes antes) porque se retraso en su horario de entrada, de regreso de allí fue que desapareció.

El 24 de febrero del 2002, es decir dos y medio meses después, un rastreo en esa zona llevado a cabo por asociaciones civiles llevo al descubrimiento en un canal de concreto debajo del camino, en el que se hallaron prendas de vestir, zapatos, mechones de cabello, ropa interior y un overol beige propiedad de Claudia esto dentro de una bolsa de plástico de la tienda de autoservicio *Soriana*. Al día siguiente las autoridades rastrearon una vez más el lugar y reportaron que habían hallado un gafete de la maquiladora *Lear*. Según el forense Oscar Máynes no existe la posibilidad de que cuando las autoridades realizaron el primer rastreo en la zona, es decir en el mes de noviembre, se halla omitido buscar en ese lugar, es decir que, según él, las evidencias mencionadas fueron plantadas allí tiempo después, y la identidad de esa mujer identificada como Claudia podría ser entonces falsa.

Las siguientes dos mujeres de este grupo, fueron halladas el mismo día por la policía y estaban a una distancia aproximada de 25 metros entre una y otra, a la primera se reporto con edad aproximada de 25 años, estaba desnuda y se presumió que había sido abusada sexualmente, así mismo se reporto que había sido asesinada aproximadamente dos meses y medio antes. La segunda mujer era una osamenta a la que se le podía apreciar el cabello largo. Esta mujer fue identificada según las autoridades como Brenda de 15 años, y se estimo que había sido asesinada aproximadamente dos meses antes, sin embargo, Brenda había desaparecido solo una semana antes. También se dedujo que había sufrido violencia sexual. Era trabajadora doméstica de medio tiempo y es el único de los ocho casos de los campos de algodón donde todos los estudios y pruebas periciales coinciden y ratifican su identidad.

Los campos dónde las mujeres se hallaron eran usados de forma diaria y transitada para cruzar por ellos, y curiosamente y al menos en esa época eran propiedad de Andrés Barrio (pariente del ex Gobernador del Estado), colindaban con un fraccionamiento y un rancho privado y apuntan a la esquina de dos avenidas muy transitadas, Paseo de la Victoria y Prolongación Ejército Nacional.

Ese martes la policía recorrió los campos de norte a sur, de este a oeste, una y otra vez.

Sin embargo, al día siguiente, el miércoles, aparecen cinco mujeres más en los mismos campos. Se reportan de nuevo historias confusas y contradictorias, se dice que se hallaron en un canal de drenaje, otras dicen que en una zanja distinta a las primeras tres y que estaban bajo montones de basura, o de piedras, de hecho, uno de los cuerpos se reporta que fue hallado dentro de un árbol de muérdago dentro de dicho canal. Este grupo que posiblemente es el mismo junto con las tres del día anterior, son reportadas por las autoridades con diferentes identidades y en diferente tiempo. La segunda mujer se dijo tenía 15 años y que posiblemente se llamaba Norma.

Los cuerpos tenían señales de haber estado en una cámara de refrigeración. Según un ex jefe de peritos de la *Procuraduría de Chihuahua* que estuvo presente en el lugar del hallazgo de los ocho cuerpos y que realizo un examen *in situ*, de los cuerpos, atestigua que se hallaron marcas en la piel en al menos un par de víctimas, características de quemaduras por congelación.

El abogado Mario Escobedo Salazar acuso en febrero del 2002 a las autoridades, de haber asesinado a su hijo del mismo nombre, por haber sido el primero en denunciar públicamente la posibilidad de la congelación de los cadáveres, las pruebas y testimonios indican que agentes judiciales hicieron volcar el automóvil de Mario, y una vez hecho eso, le dieron un tiro de gracia en la cabeza. Mario era el abogado defensor de uno de los dos inculpados por estos crímenes.

*¿Y si, tiempo antes, estas cinco mujeres y quizás también las otras tres probablemente del mismo grupo, fueron asesinadas y almacenadas en algún lugar que pudo ser alguna cámara fría?, ¿y si, fueron almacenadas en varias cámaras frías? y eso explicaría quizás el porqué no se depositaron en el mismo momento, o ¿sí simplemente fue una sola cámara y no cupieron juntas en el vehículo en el que se transportaron?, o ¿sí esa segunda noche dónde ya la vigilancia de la policía se había incrementado, como siempre sucede en México, a destiempo, fueran depositadas allí por un helicóptero?, ¿y si, fueron sacadas de la cámara fría y depositadas en un lugar muy transitado y público por una falla en la cámara frigorífica y que está dejo de funcionar? O si simplemente ¿fueron plantadas por las autoridades después de haber sido almacenados en alguna cámara fría propiedad de ellos?*

No olvidemos que después del hallazgo de los cuerpos surgió en la ciudad la versión de que quizás las autoridades habían sido quienes habían plantado allí los cuerpos, incluso que eran ellos quienes los tenían almacenados. Entre las versiones se dijo que los cuerpos habían sido originalmente hallados detrás de una tienda de autoservicio llamada *"del Río"*, propiedad de una familia acomodada de esa ciudad (familia de la Vega).

*¿Y si, por no haber congelado a María también, a menos que, o ya no hubiera espacio en la cámara de congelación y que esa halla sido la causa por la que en noviembre las sacarán a todas de allí?, o al hecho de ¿que tal si las mujeres congeladas fueron descongeladas durante el trayecto de Chihuahua a Ciudad Juárez, tramo de cerca de 243 millas (casi 400 kilómetros) y cerca de cinco horas de camino, y que hallan sido dejados allí la noche posterior al 6 de noviembre, en la hora de menor actividad nocturna? Si esto último fuese cierto, la cámara de congelación se halla en Chihuahua y no en Juárez cerca de los campos de algodón.*

Según la última identificación reportada de forma oficial por las autoridades, se extrae que las ocho mujeres desaparecieron en diferentes fechas y en diferentes lugares, lo cual soporta la teoría de la congelación, o al menos del almacenamiento en conjunto de los cuerpos. La hipótesis surge cuando el criminólogo Oscar Máynes Grijalva, jefe de *Servicios Periciales de Chihuahua*, acepta que, en las primera horas del hallazgo, encontró ciertas irregularidades del tejido en el proceso de descomposición de una de las víctimas, supuestamente muerta meses atrás, Claudia, cuerpo que a primera vista no indicaba que hubiese sido congelada, después de esas conclusiones no se le permitió investigar las irregularidades en el proceso de descomposición.

De la presente acusación de congelamiento, es que se afianzo la hipótesis del tráfico de órganos, sin embargo no hallaron ninguna evidencia de falta de órganos, y al no saber que buscar, no se adentraron en la posibilidad de buscar punciones por laparoscopias ni se buscaron ovarios de mayor tamaño o quistes acuosos en zonas de desarrollo de folículos, mucho menos en los casos en los que fue posible se analizo la sangre en busca de anormalidades hormonales, todas, características del síndrome de hiperestimulación ovárico derivado de los tratamientos de estimulación para la fertilización *in vitro.*

Pese a lo extenso de otro tipo de información relacionada con este grupo, son muy pobres las descripciones de las víctimas, edades, el cronotanatodiagnóstico y los lugares específicos donde cada una de ellas fue depositada. Sin embargo, sí hay cierta información muy específica que las autoridades informaron, como la que a solo tres días del hallazgo de los cuerpos el procurador en turno Arturo González Rascón, declaro que en cinco de los cuerpos se había observado que él o los asesinos habían arrancado un mechón de pelo en la parte trasera de la cabeza, así mismo informo que todas las víctimas murieron de asfixia por estrangulamiento.

En ese momento y con el presidente del cambio, teniendo línea directa con las autoridades estatales, se decidió culpar por tercera vez a un nuevo grupo de chivos expiatorios. Las autoridades culparon de estos crímenes a una nueva banda formada por dos conductores de transporte urbano (rutera) y cuyos nombres eran, Víctor (Javier García Uribe), alias "el Cerillo", y Gustavo (González Meza), alias "la Foca". También según las autoridades ambos confesaron los 8 crímenes y dieron los nombres completos de las víctimas: Guadalupe (Luna de la Rosa) de 20 años, Verónica (Martínez Hernández) de 19 años, Claudia Ivette (González Banda) de 20 años, Mayra Juliana (Reyes Solís) de 17 años, Laura Berenice (Ramos Monárrez) de 17 años, Bárbara Aracelí (Martínez Ramos) de 20 años, Brenda Esmeralda (Herrera Monreal) de 15 años y María de los Angeles (Acosta Ramírez) de 19 años. Además, confesaban, que había otras tres víctimas en los campos de algodón.

Tiempo después los presuntos asesinos también asegurarían que habían confesado bajo tortura, siendo por tanto que los nombres de las víctimas fueron producto de la fantasía de las autoridades. En febrero del 2003 Gustavo ("la Foca") fue encontrado muerto en su celda de la prisión de máxima seguridad de Chihuahua, en circunstancias no aclaradas después de una intervención médica de una hernia, su abogado era Mario Escobedo quien también había sido asesinado un año antes por la policía, y quien aseguraba que algunas de las mujeres habían sido congeladas. En julio del 2005 un juez declarara a Víctor ("el Cerillo"), inocente de los cargos imputados.

El martes 13 de noviembre, solo una semana después del hallazgo de los ocho cuerpos, las autoridades ratificaron el cese de la investigación.

De las ocho víctimas de noviembre del 2001 y según un estudio antropométrico de la *PGJE (Procuraduría General de Justicia del Estado)* se identifico a Brenda Esmeralda (osamenta 188/01) y a Claudia Ivette (osamenta 189/01); sus familiares reconocieron además prendas que vestían cuando desaparecieron.

En enero del 2002, un segundo estudio identifico las osamentas de Laura Berenice (Ramos Monárrez) (190/01), María de los Ángeles (Acosta Ramírez) (192/01) y Mayra Juliana (Reyes Solís) (193/01).

Durante el 2002 fue la *PGR (Procuraduría General de la República)* la encargada de pruebas de ADN, reconociendo solamente el cuerpo de Brenda Esmeralda con parecido genético con su familia. Las pruebas genéticas también mostraban parentesco de la osamenta de Verónica (Martínez Hernández, osamenta 191/01) con la de su familia, sin embargo, en la primer prueba realizada en noviembre del 2001, ésta osamenta no coincidió con la de Verónica, y fue otro el cuerpo que se entrego a la familia.

La *PGJE* realizo un cuarto estudio antropométrico con resultados igualmente confusos, donde se identifico como positiva la identidad de las osamentas pertenecientes a María de los Ángeles (Acosta Ramírez, osamenta 192/01) y Mayra Juliana (Reyes Solís, osamenta 193/01), los otros tres correspondían a Guadalupe (Luna de la Rosa, osamenta 191/01) antes identificado como Verónica (Martínez Hernández, actualmente identificada en la osamenta 194/01) y Bárbara Aracelí (Martínez Ramos, osamenta, 195/01).

No es sorprendente que a estas alturas los resultados de las diferentes autoridades encargadas de la impartición de justicia siguieran contradiciéndose y generando dudas y desasosiego en los padres y madres de las chicas. Tampoco es sorprendente que la opinión pública dejara de creer totalmente en las autoridades y que el peso de la decepción del nuevo gobierno de Vicente Fox fuera mayor por las esperanzas puestas en el y en su gobierno fallido.

El caso de María de los Ángeles es el de una mujer más que estudiaba en la escuela *Ecco* de computación, tenía 19 años y fue vista por última vez ocho meses atrás, cuando se dirigía a dicha escuela donde estudiaba por la tarde. Por la mañana trabajaba en la maquila *Phillips*, maquila en la que trabajaban otras tres mujeres asesinadas, Martha Esmeralda (enero, 1998), Rosario (abril, 1996) y Mireya (octubre, 1993). También allí trabajo el dueño del local dónde posiblemente fue mantenida secuestrada Lilia en febrero de este mismo año.

El último suceso ocurrido en nuestro propio Halloween de terror es que al final del mismo mes de noviembre del 2001, otras dos niñas de catorce años fueron secuestradas.

> Yo soy la voz al alcance de todos
> y el discurso incomprensible.

En los doce años de asesinatos sucedieron al menos cincuenta y un asesinatos, donde se utilizo arma blanca para cometerlos, y en al menos setenta y cinco casos, se hizo uso del estrangulamiento. La mayoría de los asesinatos con arma blanca se realizaron de 1993 a 1999; y en por lo menos diecinueve de los asesinatos con arma blanca se apuñalo de manera múltiple, en la mayoría de esas veces, de forma excesiva. Así mismo en por lo menos treinta y dos de los casos, se reporta que se utilizaron dos o más métodos para causar la muerte, es decir, el apuñalamiento, el estrangulamiento, los golpes, la asfixia, etc., fueron usados de forma simultánea; una vez más siendo excesiva la impartición de la violencia; demasiado excesiva, aun para una mente enferma. Solamente en tres casos se reporta el uso de un arma de fuego. En al menos ochenta y cinco de los casos, se reporta que es muy probable que haya existido violación.

Durante diferentes etapas del periodo de asesinatos, algunas empresas maquiladoras de ambas ciudades muy probablemente estuvieron involucradas. Sabemos que, en algunas de estas maquilas, el departamento de personal conoce los periodos del ciclo reproductivo y ovulatorio en que se encuentran sus empleadas.

*Consideramos que estos asesinatos fueron planeados y diseñados por un grupo de gente poderosa y con un fin estrictamente científico, sin embargo, la ejecución de los raptos, la tortura, la mutilación y la muerte de estas mujeres fue llevada a cabo por personas diferentes, aunque pertenecientes a la misma organización. Durante la investigación que llevo a la elaboración de este documento, detectamos que es factible que, en 12 años de asesinatos, hayan actuado tres grupos diferentes de asesinos, estos tres grupos han actuado de forma alternada y con excepción de unos pocos meses, nunca de forma simultánea. Así mismo determinamos que los asesinos son hombres, ya que en muchas ocasiones se requirió de fuerza física considerable para realizar el daño hecho a los cuerpos.*

Durante los trece años de asesinatos, al menos hubo treinta y nueve casos de niñas menores a 15 años, veinticuatro casos de mujeres entre 20 y 24 años, veintinueve mujeres asesinadas de entre 25 y 30 años, quince mujeres mayores a 30 años, y donde con al menos, sesenta y cuatro casos, el grupo de mujeres de entre, 16 y 19 años se posiciono como el grupo de edades donde mayor número de asesinatos ocurrieron. La frecuencia con que se usaba una niña menor de quince años fue muy variada desde unos días hasta un año, y en la mayoría de los casos, la frecuencia entre mujeres de esta edad fue menor a seis meses.

> Yo soy una muda que no habla,
> y grande es la multitud de mis palabras.
> Oídme en la dulzura, y aprended de mi aspereza.

# 2002

En El Paso, Texas se encuentran las oficinas de un organismo llamado *EPIC (El Paso Intelligence Center)*, mismo que aglutina a 23 agencias de inteligencia de Estados Unidos, el centro fue creado en 1974 con la intención de proveer de inteligencia táctica a las fuerzas federales, estatales y locales, actualmente manejado por autoridades de la DEA (*Drug Enforcement Administration*) que a su vez fue creado como parte de las noveles políticas antidrogas concebidas en los 70 por Richard Nixon; actualmente el *EPIC* reporta como el centro de sus labores la videovigilancia y el monitoreo entre otras. El director del centro en esa época era el agente de la DEA, Phil Jordan, unos días antes de tomar posesión de su cargo, su hermano fue asesinado como un mensaje, por los entonces encargados del tráfico de estupefacientes en Juárez. Las investigaciones del *EPIC* a los hermanos Carrillo Fuentes duraron varios años, en todo este tiempo ni Jordan, ni la *DEA*, ni el *EPIC* manifestaron alguna relación entre el narcotráfico y el asesinato y tortura de mujeres.

Aún en la primera mitad del siglo XIX, México flexibilizo sus políticas migratorias para permitir el arribo a Texas de migrantes de origen estadounidense, principalmente de regiones sureñas esclavistas, como Tennessee, Alabama y Mississippi, a tal punto que llegaron a estar en una relación de cuatro a uno entre anglosajones y mexicanos.

La República Mexicana era un territorio más grande de lo que en ese momento se podía habitar, los territorios al norte del río Bravo tenían una densidad de población baja, situación que aprovecho Estados Unidos al promover la independencia de Texas, para inmediatamente después anexársela.

Entre 1915 y 1920, se vivió una segunda ola de violencia contra mexicanos en Texas, con ideas segregacionistas, muchos anglosajones arribaron al sur de Texas y comenzaron a despojar a los mexicanos de las tierras y granjas que eran suyas, por otra parte, México estaba viviendo su revolución, situación que llevó a muchos mexicanos a emigrar hacía Texas, este éxodo aumento la tensión entre mexicanos y anglosajones. Con ayuda de los Texas Rangers, los hacendados anglosajones y malhechores texanos, se comenzó a torturar y matar mexicanos sin ninguna razón. Unos años después durante la gran depresión una vez más fueron motivo de odio, al acusárseles de tomar los empleos que debían ser de los anglosajones, debido a esto cerca de dos millones de latinos, la mayoría estadounidenses fueron desterrados a México, los que quedaron fueron segregados y presionados para que abandonaran el país; para 1936 se habían deportado a una tercera parte de la población hispana del estado.

Desde los años 80, Texas se convirtió en un estado cuyo abrazo y respeto a los migrantes, lo hacía un estado ejemplo de tolerancia y diversidad, características de las que sacaba sus máximas fortalezas; suma sin embargo, desde el año del 2017, -fecha en que el gobernador Greg Abbott se adhiere a la ley SB4 *(Texas Senate Bill 4)*-, lo que será recordado como una nueva deshonra en su historia como nación; Estados Unidos un país que antes colecciono estrellas y que a partir de la administración Trump colecciona vergüenzas; la última la desatada en todo el país a partir del asesinato de George Floyd en 2020.

El dúo dinámico Abbott y Trump; por alguna razón confundido por muchos como el dúo cómico Abbott y Costello, convertían al gobierno y fuerzas de ley locales en fuerzas antiinmigrantes, coercionando de esta manera, *so pena* de castigo entre otros, a los miembros policiales, representante de la ley, e incluso a la policía interna de escuelas y/o universidades a participar en estos actos inmorales, de forma que si por alguna razón estas autoridades se rehusarán a participar en los actos de odio del presidente Trump, ellos podrían ser multados con entre mil y 25 mil dólares e incluso encarcelados.

Uno de los objetivos secundarios del presidente de esta nación al promover esta ley, el otro es fragmentar al país y enemistar a su sociedad, es el de terminar con las ciudades santuarios que en el estado existían o que se comportaban como tales. La nueva ley permite a estas autoridades, solicitar el estatus legal a cualquiera, que entre otras situaciones este involucrado en una ofensa menor de tráfico o a aquella persona que pueda ser considerado testigo o víctima de un delito.

La autoridad podrá detener a las personas en centros de detención federales públicos o privados que no demuestren su legal permanencia en el país. Cerca del 39% de la población actualmente en Texas es de origen latino. Aunque al inicio del año 2000 solo representaba el 25% de la población del estado y eran cerca de 4 millones de personas.

La ley de Abbott (*Texas Senate Bill 4*) generó que inmediatamente mucha gente se declarara en su contra, principalmente por ser una ley abiertamente discriminatoria que se basa en el color de la piel para poder ser aplicada, pero también como declararon los representantes de la policía de muchas localidades, -como los de Houston y Dallas-, que se generaría el que las ciudades fueran más peligrosas, al desviar los recursos destinados a la seguridad local, al servicio de competencias de índole federal, esto además de la gran desconfianza que en las fuerzas del orden se generaría en grandes sectores de la sociedad.

Con casi un 40% de población latina y 10 millones de personas; Texas es el segundo estado de Estados Unidos con mayor aportación de felicidad de importación. Con Houston, Dallas y San Antonio como las principales ciudades del estado dónde el español es una segunda lengua y con poblaciones en su mayoría de origen mexicano. La población latina son un brazo fundamental en las industrias de servicios, de construcción y en agricultura del estado.

La primera demanda surgida en contra de la SB 4 se dio en una ciudad pequeña de la frontera "el Cenizo" considerada como un "refugio seguro" (*safe haven ordinance*) que con apoyo de la Liga de Ciudadanos Latinoamericanos Unidos (*LULAC*) que se presentó una demanda ante la Corte de Distrito de San Antonio en la que solicitaban implementar medidas que impidiera que la ley entrara en vigor.

En represalia el procurador general del estado, Ken Paxton encabezó una demanda contra el Fondo Mexicano Americano para la Defensa Legal y la Educación (*MALDEF*), y contra varios funcionarios de localidades consideradas ciudades santuario, entre ellos al Alcalde de Austin, Steve Adler y Sally Hernández, Sheriff del Condado de Travis, quien es una de las figuras más conocidas por negarse a otorgar información a ICE (*Inmigration and Custom Enforcement`s*) sobre el estatus migratorio de detenidos en dicho condado. La intención de la demanda del procurador era que una corte federal de distrito declarara la ley como constitucional, situación que sentaría un precedente para futuras demandas. Específicamente la demanda de Paxton pedía de forma específica a la Corte declarar que la ley no viola ni la cuarta ni la decimocuarta enmienda de la constitución de los Estados Unidos, y por tanto, no puede ser rechazada.

La administración del presidente Trump, a través de Jeff Sessions jefe del Departamento de Justicia (*DOJ*), envió ese mismo 2017 una misiva a 9 jurisdicciones consideradas como ciudades santuario y que se negaban a compartir datos sobre inmigrantes indocumentados, dándoles un ultimátum fundamentado en el estatuto 1373 en el que se establece que se pueden retener fondos federales; en particular el fondo *Edward Byrne Memorial Justice Assistance Grant* enfocado a combatir la violencia armada, mediante la adquisición de vehículos, armas, pistolas taser, y equipamiento, esto si las jurisdicciones anteponen normatividades locales que limiten la disponibilidad de información migratoria.

El programa *JAG* (*Programa de Subvención de Asistencia Judicial de Edward Byrne*) se origina en la Ley de

Asignaciones Consolidadas del 2005, el fondo es administrado por la Oficina de Asistencia Judicial de los Programas de la Oficina de Justicia, y proporciona fondos federales de justicia penal a las jurisdicciones estatales, locales y tribales. La financiación está destinada a una variedad de áreas, como personal, capacitación, equipos y suministros.

El *Departamento de Justicia* de los Estados Unidos anunció a fines de julio de 2017 que más de doscientas ciudades santuario serían descalificadas para recibir subvenciones del fondo *JAG* si continúa su incumplimiento con el *Servicio de Inmigración y Control de Aduanas* (ICE).

La lista de las principales veinte ciudades llamadas santuarios son: San Diego, San Francisco, Los Ángeles, Chicago, Seattle, Houston, Phoenix, Austin, Dallas, Miami, Detroit, Washington, Salt Lake City, Minneapolis, Baltimore, Portland, Denver, Nueva York, New Jersey y Nuevo México.

> Yo soy la que grita,
> y Yo soy expulsada de la faz de la tierra.
> Yo preparo el pan y en él encierro mi alma.
> Yo soy el conocimiento de mi nombre.
> Yo soy aquella que grita,
> y yo escucho.

Una vez más las autoridades subestimaron a la prensa nacional esperando que los últimos acontecimientos hubieran dado por concluido los acontecimientos que durante ya nueve años ininterrumpidamente y sin pausa venían ocurriendo. Dos meses y medio después aparece el cuerpo en Juárez de Lourdes de 26 años, y que trabajaba como nutrióloga en una maquila (*Motores Eléctricos*) y quién había sido golpeada y presentaba mordeduras en el cuerpo. Días después aparece Mercedes, quién también era trabajadora de maquila (*Ademco*) y que había sido violada y golpeada.

En Chihuahua un mes después es reportada como desaparecida Paloma de 17 años y quién por la mañana era obrera de la maquiladora *Aerotec*. Casi un mes después es hallado su cadáver en las afueras de la ciudad, entre matorrales y con signos de violencia sexual y estrangulamiento. El cuerpo estaba en estado de descomposición y según la autopsia había fallecido desnucada tres semanas atrás. Testigos dicen haber visto a Paloma en la escuela *Ecco*, esta vez en Chihuahua. Esta es la misma escuela que ha sido nombrada varias veces a lo largo de doce años de asesinatos e investigación periodística. Los testigos afirman que estaba en compañía de uno de los promotores de la escuela. Esté fue uno de los casos en los que se probo que el expediente fue modificado por las autoridades, en esta ocasión al incluir pruebas falsas, como haber plantado una foto de un exnovio, supuestamente en el lugar de los hechos.

Después de que fueron los ocho cuerpos expuestos al mundo en los campos algodoneros en el mes de noviembre anterior, es que, para marzo del 2002, los asesinos trabajaran de forma más frecuente a la ciudad de Chihuahua, lo que podría indicar que los campos de algodón fueron una despedida de escena. Al menos por algún tiempo.

La primera estrategia del gobierno estatal para detener la muerte de mujeres, fue la de buscar a quién inculpar, como esto no funcionó entonces optaron por sus dos ases bajo la manga, falsear la investigación y hacer caso omiso de las nuevas denuncias. Así que en los siguientes meses se reporto la desaparición de más mujeres en la ciudad de Chihuahua, pero las autoridades tal vez por primera vez de forma honesta, reconociendo sus incapacidades, optaron por no realizar ninguna pesquisa; entre ellas están las niñas de aproximadamente misma edad: Yesenia (Vega Márquez) de 16 años, Minerva (Torres Avendaño) de 18, Julieta (González Valenzuela) de 17 y Rosalba (Pizarro Ortega) de 16 años. Así también en abril desaparecen en la misma ciudad Bianca Socorro (Quezada Pérez) de 17 años y Yesenia (Barranza) de 15 años. Parece ser que, alejándose de los reflectores de los campos de algodón, pasaron sus operaciones al menos momentáneamente a Chihuahua.

Si hubo este año asesinatos en Juárez, pero fueron espaciados y aparentemente se realizaron de manera distinta. Como el de Dora que fue muerta a golpes de botellas y que había sido secuestrada un día antes, o el de la desaparición de María, el día de más madres de este año y supuestamente hallada en enero del siguiente. O la estrangulación de Zulema de 13, de quién se dijo había sido obra de su hermana, o también la mesera Lucila, de 30 que había sido desnucada. Erika se hallo hasta septiembre y aunque caso asilado, comparte características con las mujeres de siempre, así también las dos mujeres halladas al día siguiente, una de ellas con gafete de maquila (*Fasco*) y la otra atrás de otra maquila (*BRK*), en ambas se determino que habían muerto un año antes, por la época de algunas de las mujeres de los campos de algodón. Al mes siguiente se halla una osamenta y un cuerpo que según las autoridades pertenece a Teresita y Gloría de 18 y 20 años.

> Vosotros los derrotados, juzgad a quienes os derrotan
> antes de que os juzguen a vosotros,
> porque el juez y la parcialidad existen en vosotros.
> Si sois condenados por éste, ¿quién os absolverá?
> O, si sois absueltos por él, ¿quien os apresará?

Las evidencias indican que además del grupo que está actuando contra mujeres cuyo objetivo creemos es experimental, también haya actuado al menos otro asesino, muy probablemente de forma individual, y que sí cae dentro de la forma de actuar de un asesino serial, quizás un asesino por imitación. Es factible que este asesino solitario, sea el responsable de los asesinatos de Hester y Perla Patricia en dos hoteles de Ciudad Juárez en 1998, así como de las niñas muertas y torturadas en 1996 en *Infonavit Tecnológico*. Así mismo hay al menos un grupo de asesinos, a partir del año 2003, actuando de forma aislada al grupo que nos concierne, y motivados por un objetivo totalmente diferente que puede ser simplemente el de divertirse con las mujeres; por lo que algunos de los crímenes aquí documentados son responsabilidad de al menos otra persona ajena al grupo principal de asesinos que mata con un fin científico.

Robert K. Ressler, icónico ex agente del *FBI*, después de su breve investigación del caso, opinaría que los asesinatos son obra de tres psicópatas sexuales de índole sádica. Al menos eran dos homicidas organizados y uno desorganizado. Negaba que fueran mexicanos, tal vez estadounidenses hispanos o México-estadounidenses que residieran en El Paso, Texas y que atravesaban la frontera para asesinar mujeres. Una de las hipótesis que sonaron bastante después de los cuerpos hallados en los campos de algodón, fue la de tráfico de órganos, misma que es la base de a la hipótesis que en el presente documentos se sustenta.

El narcotraficante posee características distintivas, siendo una de ellas que asesinan personas generalmente de forma efectiva, siendo estas personas aquellas que por una u otra causa se han entrometido en su camino, o entorpecen su negocio y siendo tan efectivos en la forma de asesinar, debido a que generalmente no actúan solos, sino al menos en grupos de dos, y además generalmente utilizan armas de fuego para cometer sus crímenes. Los asesinatos aquí documentados no han sido efectuados con armas de fuego (con excepción de los de Brenda, Susana y otra mujer en 1996).

En la gran mayoría de los casos, afirmamos que los asesinatos no tienen relación alguna con narcotraficantes.

Los asesinatos aquí presentados han sido efectuados en su casi totalidad por estrangulamiento, acuchillamiento y unos pocos casos de desnucamiento, modos de actuar efectuados con el fin de no generar ruido y atraer la atención, y que requieren cierto grado de entrenamiento. El alto grado de dominio de estas formas de asesinato y de secuestro que, independientemente a la corrupción e ineptitud del sistema de justicia mexicano ha logrado que no existan pistas ni testigos, hace pensar que quien realiza estos asesinatos es uno o varios grupos de asesinos profesionales y entrenados.

Pues lo que habita en vuestro interior es lo que habita fuera de vosotros,
y aquel que os crea en el exterior
es quien moldea vuestro interior.
Y lo que veis en vuestro exterior, lo veis en vuestro interior;
es invisible y es vuestro vestido.

## 2003

California es el estado por excelencia, si piensas emigrar a Estados Unidos, con o sin permiso. Con sus más de 400 mil kilómetros cuadrados, treinta y siete millones de habitantes, 58 condados y un clima cálido y agradable, al igual que su gente, hace de este estado lo mas parecido a un paraíso. Por si solo ha encabezado una de las principales economías del mundo y la más importante de su país; esto es gracias a su diversificación y a la alta productividad de su gente. Un estado que aporta agricultura, tecnología de punta, turismo, entretenimiento, entre otros. En 2018 el PIB del estado subió en 1.7%, liderados por el sector inmobiliario y los servicios financieros, seguidos por el sector tecnológico y el manufacturero. Aportando un crecimiento entre el 2012 y 2017 del 16% en el crecimiento del empleo de todo el país. Ese año se convirtió en la quinta economía del mundo, solo por debajo de todo Estados Unidos, China, Japón y Alemania. Para hacer una referencia comparado con el PIB total del estado que fue de 2.7 billones, ese mismo año se obtuvo un PIB del total de los países Brasil y México de 1.8 y 1.08 billones respectivamente, juntos apenas superaron al estado de California. Para el 2018 contaban con un superávit de 6,000 millones.

Es verdad que el estado tiene problemas importantes como el que en los Ángeles y San Francisco viven al menos 140 mil personas sin casa, ya que el costo de la vivienda es muy alto con un costo promedio de la misma de 540 mil dólares, qué si se compara con los 108 mil que en 2010 promediaba Arkansas, es altísimo.

Con una presencia en la que resalta principalmente la mexicana y la centroamericana los latinos en el estado son cerca de 14.5 millones y cerca del 40% del total de la población, es en los Ángeles donde más latinos residen, ocupando el 45% del total de la población de 13.3 millones de personas, siendo la tercera ciudad después de Ciudad de México y Buenos Aires dónde más personas hablan el español.

En San Bernardino viven 4.5 millones de hispanos, pero allí si representan a la mayoría con su 51%, así también San Francisco instala a 4.7 millones, pero en una proporción menor.

El territorio tiene una historia larga que contar, comenzando con la invitación del gobierno mexicano al inicio de 1800, para que pobladores de los Estados Unidos trabajaran tierras que estaban desaprovechadas, convirtiéndose en poco tiempo en una mayoría, así que cuando el estado de Coahuila y Texas uno de los 19 estados de la 1ª República Federal Mexicana, aprobó en

1827 un plan para la emancipación de los esclavos aún existentes en el estado, genero que los ya muchos colonos esclavistas que residían allí declararan la independencia del estado y la guerra con México; situación que culmino en la pérdida del estado y su proclamación independentista en 1836, cuya intención siempre fue la de su anexión a los Estados Unidos, situación que se concreto en 1845.

Los años entre 1920 y 1930 llevaron a California a millones de personas, atraídas por la industria agrícola, petrolera y de entretenimiento, y durante la segunda guerra mundial experimento otro auge migratorio por sus nuevas industrias navieras y aeroespaciales. En los años 20 migraron al país más de medio millón de mexicanos, de los cuales la tercera parte tenía como destino California; inmediatamente ocuparon posiciones de trabajo que requerían poco o nulo adiestramiento como en labores domésticas, agricultura, ferrocarriles y manufactura.

Exactamente cien años después de su perdida por parte de México y con gran parte de la fuerza laboral del estado concentrada en la segunda guerra mundial, es que comienza a suceder un fenómeno en reversa, y el gobierno de Estados Unidos solicita mano de obra mexicana para ciertos trabajos y por cierto tiempo, es en ese momento que, aunque por goteo, podemos dar el inicio de la diáspora que se vive hoy. Muchos mexicanos se quedaron y ya no regresaron. Fue en los años 70 del siglo pasado que los mexicanos continuamos de forma gradual pero constante migrando hacia nuestros antiguos territorios, como si sintiéramos un llamado. La gradualidad sin embargo se estropeo con la crisis económica de 1994, que genero que se intensificara el flujo migratorio, situación que continua hasta nuestros días.

Durante los años de la segunda guerra mundial, dos incidentes trajeron a flote los sentimientos racistas de parte de la población, por un lado la muerte de un joven llevo a acusar a diecisiete latinos residentes del estado, dónde el manejo del juicio fue llevado de forma tan sesgada y xenófoba que la opinión pública comenzó a sentirse agredidos por cualquier latino, y por su vestimenta, cuya combinación era conocida como "pachucos" (zoot suiters), la animadversión se convirtió en agresión cuando pandillas de marineros, salvavidas y soldados atacaban a adolescentes latinos y les arrancaban la ropa. El segundo incidente sucedió después de la segunda guerra mundial, cuando los lideres latinos, Cesar Chávez y Dolores Huerta fundan el sindicato de granjeros que pelaba por mejores condiciones salariales, de trabajo y de seguridad. El trabajo de ellos fue fundamental para el movimiento nacional llamado Movimiento Chicano en el que activistas, artistas, muralistas, políticos, emprendedores, etc, pujaban por mostrar la discriminación que vivían los hispanos en los terrenos de educación, empleos, votaciones y alojamiento a lo largo de todo el país

El estado ha vivido también otras situaciones adversas, como la de que, en 1994, el partido Republicano tuvo un gran triunfo en el estado al reelegir a su gobernador Pete Wilson por más de 15 puntos, logrados principalmente por su xenófobica propuesta de ley antiinmigrantes, llamada proposición 187 que fue aprobada por la mayoría de los votantes y que se enfocaba en prohibir los servicios educativos y de salud a aquellos inmigrantes que no contaran con documentos, -en aquel momento más de un millón-. Ese era un año que California padecía y gozaba; padecía el terremoto de los Ángeles y una taza de desempleo del 8% y gozaba del mayor y mejor evento deportivo del mundo su primer mundial de fútbol.

La propuesta 187 logro que ese año salieran a manifestarse el mayor grupo de latinos que se había visto juntos en las calles, con entre 70 y 100 mil personas tomando las principales avenidas de los Ángeles; que, aunque no detuvieron la propuesta de ley, si consiguieron una nueva organización en grupos con objetivos claros, además surgieron lideres y nuevos movimientos y lo más importante el país vio la fuerza que esta minoría podía significar para el desarrollo económico y político. Como ejemplo en el año de 1990 solo representaban el 9% del electorado, pero para el año 2000 ya eran el 14 y hoy representan el 26% del estado y en ciertos distritos hasta el 50%. La propuesta 187 nunca llego a aplicarse, ya que, en ese mismo 1994, un juez la detuvo por ser anticonstitucional.

Como consecuencias a la coerción ejercida por Trump desde que llego en 2017 a la presidencia, surgen respuestas hacia sus políticas racistas contra los inmigrantes, entre otras fue que el presidente del senado de California, Kevin de Leon, propusiera unos meses después, la ley SB 54 también llamada ley de los valores de California cuyo espíritu es convertir al estado en ciudad santuario, y prohibir a las autoridades su colaboración con el *ICE* (*Inmigration and Custom Enforcement´s*). También surge otra respuesta, como una propuesta de ley del legislador Rob Ronta, en la que se prohibiría a cualquier ciudad o condados celebrar contratos con compañías que vendan, compartan y/o extraigan información para la *Agencia de Inmigración y Control de Aduanas* (ICE).

> Oídme, los que oís,
> y aprended de mis palabras, aquellos que me conocéis.
> Yo soy la voz al alcance de todos;
> yo soy el discurso incomprensible.

¿Y si,...?

*Teresita solo tenía dieciocho años, pero siempre pareció menor, solo cuando la veían con su hijo Joan de dos años, es que caían en la cuenta que no era tan chica. El padre de Joan, Nestor había sido uno más de varios novios sin futuro, nada más que Neto como ella le decía, le había dejado antes de desaparecer de su vida y a diferencia de los otros, un hijo. A Joan lo cuidaba su mamá Cordelia, mientras ella Teresita estudiaba para secretaria en la escuela de computación Ecco, ella quería darle a Joan una vida diferente a la suya, una vida sin violencia, sin necesidad de pensar una vez más en dejar este país, su país, para intentar encajar en un país que no la quería, y por el que tenía dejar media vida para llegar y encajar en el.*

*Teresita llevaba dos semanas asistiendo a la escuela nueva de computación, en el centro de Juárez; le costaba entenderlo todo, pero aun así no le habían enseñado a desalentarse fácilmente, así que pensaba seguir asistiendo como hasta ese día siempre puntual. Ella quería acabar de estudiar y luego dedicarse a la política, sabía que podía hacer algo por su ciudad, una ciudad que se había vuelto muy fea, sucia y violenta, Teresita pensaba que se podía componer, pero para eso se necesitaban muchos políticos de los buenos, no como los que tenían; y ella iba a estudiar para ser una de las buenas. Era principio de agosto y como iniciaba nuevo curso, hubo un pequeño convivió de bienvenida. Teresita tomaba la última clase de 8 a 9, ese día eran ya las 9:30 cuando se despidió para irse a casa, su casa no estaba lejos pero tanto refresco empezó a hacer efecto, así que decidió pasar antes al baño. Joan nunca más oyó la voz de mami.*

*Esa noche fue secuestrada en el baño de la escuela, y llevada a una propiedad no lejos de allí, a unas pocas calles, a una propiedad que había servido como bodega en los años 60 y ahora, aunque por fuera seguía siendo una bodega abandonada, por dentro había sido acondicionada para dar lugar a una pequeña clínica y a un laboratorio no muy grande, pero perfectamente equipado. En un rincón al fondo de la bodega, había una cámara fría que en algún momento sirvió para albergar cabezas de ganado. El laboratorio estaba equipado con congeladores criogénicos, mesas de trabajo, microscopios electrónicos, un PCR, dos incubadoras y todo lo necesario para trabajar con tejidos y cultivos.*

*A la mañana siguiente la interrogaron acerca de su ciclo reproductivo, cuando fue su último sangrado, que tan regular era, etc. Se le tomaron muestras de sangre para su análisis hormonal y se le realizo una ecografía. Para el final del día ya estaba recibiendo un tratamiento para lograr la hiperestimulación de sus ovarios y lograr que ovulara más de un óvulo. El día 7 de julio, ella óvulo siete óvulos sanos y fuertes, mismos que inmediatamente fueron removidos y con ellos se generaron siete embriones sanos y fuertes. La mantuvieron en una jaula, junto con otras dos chicas, durante un mes más. En ese mes la trataron bien, la alimentaban, les permitían ir al sanitario, incluso tenían una televisión que les permitían ver.*

*Días después le administraron el mismo tratamiento, y una vez más pudieron extraerle varios óvulos, esta vez cinco. Gracias a Teresita el científico pudo obtener varias líneas celulares de las que esperaba dieran resultados positivos en la regeneración de varios tipos diferentes de tejidos.*

*Después de dos horas, a una Teresita aún atarantada por la anestesia, se le subió a una camioneta que la llevo a Cristo Negro, se le dijo que se bajara y se fuera. Detrás de ella se bajo el copiloto, quién la golpeo, la violo y la estrangulo. La encontraron un mes después.*

En 2003 regresaron los asesinos a Juárez y se mantuvieron en Chihuahua. En enero del 2003 testigos reportan del hallazgo de tres mujeres en Cristo Negro. Las autoridades aplican una nueva estrategia policiaca de alto nivel, ocultan el hallazgo y se contradicen en la información que manejan. Existe la posibilidad que una de ellas sea María Isabel desaparecida el día de las madres del año anterior, a los dieciocho años.

Días después (en febrero) son hallados y en esta ocasión notificados por las autoridades, varios cuerpos de los que se cree son estos mismos, y que fueron replantados por las autoridades, ahora sí para ser vistos por la prensa y la población.

Acaban de reportarse en octubre, dos cuerpos en el mismo lugar y en un solo día aparecen tres mas, las autoridades están ansiosas y preocupadas de que sea otro caso igual al de los campos de algodón de solo un año y dos meses atrás, saben que es un nuevo grupo y saben que deben ocultarlo a la prensa y a las asociaciones y organizaciones no solo nacionales, sino internacionales también, como la Corte Interamericana de Derechos Humanos.

Los cuerpos hallados en febrero son informados como de Esmeralda de 16 años y trabajadora de la maquila *Venusa* y que había sido vista por última vez el cinco semanas atrás. Las otras mujeres a su lado son las de Violeta y Juana de 18 y 17 años respectivamente. Violeta había desaparecido 13 días antes, mientras Juana 5 meses atrás. Un reportero asegura que había un cuerpo más.

Estas tres víctimas junto a las otras tres halladas en el mismo sitio -Cristo Negro-; Gloria (enero), Teresita y María (octubre) coincidían en que trabajaban o estudiaban en zonas cercanas de Juárez, dentro del centro histórico de la ciudad. Juana laboraba en la escuela de belleza *Glamour* situada en avenida Juárez, por su parte Gloria trabajaba en la tienda *Estrella* en la avenida 16 de Septiembre (a un costado de la catedral de Nuestra Señora de Guadalupe), María trabajaba en otra sucursal de la tienda *Estrella* a dos cuadras en la misma calle, Violeta estudiaba en la preparatoria *Ignacio Allende* en la avenida Vicente Guerrero y por último Esmeralda en uno de los mercados del centro vendiendo ropa de mujer, y además también era estudiante de la escuela de computación *Ecco*, ubicada a solo media cuadra del mercado. Cerca de una de las tiendas de manualidades *Estrella*, en avenida 16 de septiembre había otra escuela *Ecco*. Una de las supuestas víctimas de los campos de algodón del 2001, Berenice también estudiaba en la misma preparatoria que Violeta; en la *Ignacio Allende*.

Todo indica un nuevo grupo de mujeres de edades similares y abandonadas en fechas cercanas. Pudieron haber compartido un espacio físico al mismo tiempo o las fueron solamente almacenadas juntas en alguna cámara de refrigeración, lo que es cierto es que fueron abandonadas al mismo tiempo, a 15 meses de distancia de los campos de algodón.

Pareciese que hay un lugar en el cuadrante del centro histórico de la ciudad al que las mujeres entraran por su propio pie, pero del que ya no se les permite salir.

Entre las conclusiones llevadas a cabo por las autoridades al estudiar los seis casos de Cristo Negro y los ocho de los campos de algodón se resalto que algunas de estas mujeres además de compartir características socioeconómicas muy similares, también compartían muchas características físicas como las que ya hemos mencionado, pero además una en particular muy difícil de describir en un informe policiaco, esto es, algunas mujeres se parecían demasiado entre una y otra, y todas eran bellas.

*¿Y si, el lugar del que no se les permite salir es alguno publicado en algún anuncio de empleo en centro de la ciudad, que pudo imprimirse en el periódico o con anuncios pegados en lugares comunes como casetas telefónicas?, ¿y si, .... es un baño público de alguno de esos locales, del que ya no se les permite salir?, ¿y si, uno o varios trabajadores hombres o mujeres de la escuela de computación sean el anzuelo para atraer a las mujeres a uno de esos lugares céntricos?*

De vuelta a Chihuahua, en marzo desaparece en el trayecto entre su casa y la de su abuela, Claudia de 14 años. Es a fin de mayo, que Diana de 18 años desaparece antes de llegar a la escuela de computación en la que estaba inscrita en el centro de la ciudad, en septiembre de ese mismo año, son hallados los restos de una mujer en la carretera hacía Ciudad Juárez, cuya ropa son reconocidas por la familia de Diana como suyas.

También a fin de mayo es hallada muerta en las afueras de Chihuahua la niña de 16 años, Marcela, sus familiares había denunciado su desaparición 10 semanas antes. Marcela había sido violada y torturada y murió por estrangulamiento. Las autoridades retomaron la práctica de culpar inocentes y detienen a una pareja a quienes acusaron y que denunciaron torturas por parte de las autoridades; al año siguiente un juez los declaró inocentes y los libero.

Después del anterior grupo de mujeres en Ciudad Juárez se regresa a secuestrar y asesinar a la ciudad de Chihuahua.

Un experimento bien diseñado, debe de comparar dos grupos experimentales diferentes y la logística de un experimento, lo debe hacer realizable, sin la necesidad de recursos exorbitantes, *¿y si, llevarlo a cabo en las ciudades de Chihuahua y de Juárez hace que las víctimas compartan constantes en común y al mismo tiempo los vuelvan grupos distintos y por tanto estadísticamente válidos?*

*¿Y si, aparentemente Marcela es la cuarta víctima de este grupo experimental?* Marcela fue secuestrada (16 marzo) un mes después de hallarse los tres cuerpos anteriores, y hallada dos meses y medio después (28 mayo), es decir que pudo estar secuestrada hasta dos ciclos reproductivos completos. Entre los últimos dos secuestros de Cristo Negro, es decir entre el de Violeta y el de Esmeralda,

también había transcurrido un mes, y fueron retenidas antes de morir durante dos y cinco semanas respectivamente.

Antes de Marcela se reporto la desaparición de Claudia de 14 años, el 9 de marzo, y poco tiempo después la de Diana de 18 años, el 27 de mayo, ambas en la ciudad de Chihuahua, por lo que esta muerte puede corresponder a la tercera mujer de este nuevo y onceavo grupo experimental.

Aún este año hubo dos casos más en la ciudad, mes y medio meses después, en julio aparece un cuerpo que las autoridades dicen podría corresponder a Neyra de 19 años, quién había desaparecido exactamente dos meses antes. El asunto es que su identidad no pudo confirmarse. La mujer había muerto en mayo de ese mismo año. En este caso, el sheriff del condado de Alameda, en el estado de California en Estados Unidos, realizo la prueba de *ADN* al cráneo, encontrando que este no correspondía al de Neyra, ya que era de un hombre, aunque la prueba al esqueleto sí dio positiva la identidad de Neyra. Una vez más el gobierno estatal arrestó a un hombre quien una vez más asegura también que fue torturado para firmar su confesión.

*¿Y si,…Neyra fue secuestrada después de la desaparición de Claudia y de Marcela en marzo, y antes de la de Diana ocurrida dos semanas después?, por lo que este podría ser un onceavo grupo experimental que cuenta con al menos cuatro mujeres. En este momento ya son muchos los casos que suceden en la ciudad de Chihuahua desde el año 2000. Al parecer si requieren de este segundo experimento control para descartar la variable medio ambiente, y corroborar la validez de sus experimentos. Pero si ya*

*se esta buscando validar el experimento, es por que los resultados han sido alentadores o por que se debe justificar el trabajo con la persona o grupo que esta invirtiendo en esto. ¿Y si, simplemente se están alejando de Juárez y de la gran atención que ya hay ahí?*

El segundo y último caso del año fue un mes después, en el que hallaron a Jennifer de 27 años. Las autoridades dicen que era hondureña, aunque no dicen como es que saben eso. La mujer había sido golpeada, violada y muerta por asfixia.

> Yo soy el nombre del sonido
> y el sonido del nombre.
> Yo soy el signo de la letra

*¿Y si, ...?*

*En su mayoría, las mujeres no fueron raptadas de forma simultánea, aunque hayan pertenecido a un mismo grupo experimental. Esto debió haber sido suscitado, por limitaciones en el tamaño del espacio físico donde son secuestradas, o por qué el experimento se adecuo para utilizar óvulos de distintas mujeres, de forma paulatina y no simultánea.*

*En algunos de los cuerpos se recurrió a la calcinación, quizás para ocultar evidencia de un probable embarazo, u alguna otra señal en el cuerpo, tal vez en sus órganos reproductivos que sirviese como pista.*

*Las mujeres han sido secuestradas por diferentes periodos de tiempo, variando estos entre unos pocos días, y hasta tres meses,* sin embargo, el tiempo de retención más frecuente de estas mujeres fue cercano a dos semanas. En general creemos que la variación en los tiempos de retención de estas mujeres, dependían de la fase del ciclo reproductivo en la que se hallaban al momento de ser secuestradas, siendo que aquellas que estaban cercanas a su ovulación, eran retenidas menos tiempo, mientras aquellas que se hallaban lejanas a esa fecha, eran retenidas por más tiempo. El tiempo de secuestro cercano a dos semanas, se repite en muchos casos, por el hecho de ser esté el tiempo promedio necesario para lograr la hiperestimulación ovárica.

Las mujeres no son retenidas en las afueras de la ciudad, ni en un rancho o propiedad con dimensiones similares, sino en algún lugar ubicado dentro de la ciudad. Con una alta probabilidad, al menos en los últimos años, las mujeres entran por su propio píe a algún lugar del que ya no se les permite salir. Este lugar puede ser parecido a una escuela de computación, una zapatería, un negocio de videojuegos, un baño público, o un baño de uno de estos negocios, a través de un anuncio de empleo, etc. Al menos uno de los lugares dónde el secuestro sucede, se halla en la zona centro de Ciudad Juárez. Probablemente sean movidas de allí al lugar donde serán retenidas, siendo también muy probable que ese lugar donde las retienen sea el mismo lugar donde se realiza la extracción de los óvulos. Creemos que al menos en 2003 lo mismo ocurre en el centro de la ciudad capital del estado.

Durante diferentes etapas de los asesinatos, algunas empresas maquiladoras de esas ciudades estuvieron involucradas.

Adicionalmente a los asesinos de esta organización, ha actuado un asesino por imitación aislado de los grupos y del objetivo experimental. Es factible también que de el año 2003 al momento, exista un grupo de asesinos diferente, asesinado *también mujeres sin ningún otro móvil que el de divertirse con ellas, esto principalmente en la ciudad de Chihuahua.*

*El grueso de los casos de asesinatos de mujeres acontecidos en Ciudad Juárez y Chihuahua, en este periodo de tiempo, no sucedieron ni por asesinos seriales, ni por narcotraficantes.*

En 2009 no se pudo evadir mas la responsabilidad, la corte Interamericana de Derechos Humanos, aunque nada más en relación, a tres mujeres abandonadas en 2001 en los campos de algodón (Claudia, Esmeralda y Laura), dicto sentencia contra el Estado mexicano, encabezado por Felipe Calderón. La corte obligo a pagar 940 mil dólares a los familiares de las tres víctimas por daños materiales y morales. Además, el gobierno debía de forma pública aceptar su responsabilidad en los hechos, y debía castigar a las autoridades responsables de la omisión y la negligencia. Como castigo y respuesta, este mismo año Felipe Calderón nombró a Arturo Chávez Chávez como Procurador General de la República y a Francisco Barrio Terraza como embajador en Canadá.

Y yo pronunciaré su nombre.
Mirad entonces sus palabras
y todas las escrituras que han sido completadas.
Prestadle atención, aquellos que oís
y también vosotros, ángeles y aquellos que han sido enviados,
y vosotros, espíritus que han sido despertados de la muerte.

## 2004-2005

Illinois al igual que California, han demostrado que pueden ser un ejemplo de resistencia ante la presión del gobierno Republicano de Trump. El gobernador Jay Bob Pritzker, -el heredero de la cadena Hyatt-, firmo un paquete de leyes que protegería a los migrantes residentes del estado, al prohibir la apertura de centros de detención de migrantes, así como el impedimento a la colaboración con las autoridades migratorias, y por último la factibilidad de que estudiantes sin documentos puedan aplicar por ayudas económicas.

Chicago -con su mar sin olas, que no es mar, sino lago, pero que tal vez debería ser mar; aunque sin olas- por sí misma con una población de 9.5 millones, alberga a un 22% de latinos, con 2.1 millones, siendo la mayor minoría del estado. En el 2010 eran 17 comunidades en el estado dónde los latinos representaban una mayoría, siendo que diez años antes solo en cuatro de ellas predominaban.

El paquete de leyes de Pritzker, incluye la prohibición a los arrendatarios de amenazar o intimidar a sus inquilinos migrantes, con amenazas de denunciarlos ante las autoridades migratorias, así mismo bajo esta ley, si un inquilino es desalojado basado en las anteriores premisas, este puede demandar al arrendatario hasta por 2 mil dólares. Otra cláusula protege a los inquilinos, cuyo arrendatario se niegue a reparar las viviendas dónde estos vivan si se basan en una condición racial. Más apoyos brindados por el paquete de leyes, incluyen la posibilidad de obtener licencias de conducir, aunque no se cuente con documentos migratorios.

De hecho, la ley santuario que desde hace años prevalece en el estado, permite negarse a apoyar a las autoridades migratorias. Así también ya desde el 2011, el estado había aprobado una ley (Dream Act, SB 2185) que permitía la educación superior a jóvenes inmigrantes, esto apoyado por un fondo de financiamiento privado.

Los inmigrantes dentro de los Estados Unidos ejecutan distintas labores, pero la gran mayoría de ellos trabajan en los puestos con los más bajos ingresos, los llamados trabajos de cuello azul; esto dentro de diferentes sectores como el agrícola, la construcción o los servicios. Sin embargo, muchos de ellos son dueños de negocios propios, en el 2002 había cerca de 700 mil negocios manejados por latinos, mismos que para el año 2012 ya eran 1.6 millones. Solo en 2015 a nivel nación, los latinos pagaron 215 billones en impuestos federales, además de los 76 billones de impuestos estatales y locales. Además, en ese mismo 2015 participaron con sus contribuciones fiscales con 101 billones a la Seguridad Social y con 25 billones a Medicare.

> Pues yo soy aquella que existe en soledad,
> y no tengo a nadie que me juzgue.
> Pues muchas son las formas placenteras del pecado,
> y la incontinencia,
> y las pasiones deshonrosas,
> y los placeres fugaces,
> que los hombres abrazan antes de la sobriedad
> y del regreso a su lugar de reposo.

En marzo del siguiente año aparece la primera mujer en Juárez, identificada como Rebeca de 24 años, al parecer había sido asfixiada un día antes después de violarla. Dos meses después un caso similar, la mujer de entre 18 y 22 años de la que no se sabe el nombre, había sido violada y estrangulada y dejada en un baldío la noche anterior al hallazgo. Unos días después una niña de 14 abandonada en un fraccionamiento en construcción, también violada y asfixiada y había desaparecido el día anterior, por lo que no parece ser un caso relacionado.

Es en julio que se reporta la desaparición de otras tres mujeres; una de ellas de nombre Fabiola también estudiaba computación en una escuela del centro de Juárez. Otra de ellas si la encontraron muerta. Ese mismo mes es hallado el cuerpo de otra trabajadora de maquila (*Controles de Temperatura*). El cuerpo estrangulado, golpeado y violado de Alma de 34 años fue hallado a las 20 horas de haber fallecido. En octubre aparecen dos mujeres, la primera era una mujer entre 25 y 30 años que había sido violada tumultuariamente y luego estrangulada, la segunda solo se sabe que apareció en un canal de irrigación en el boulevar fronterizo. En noviembre en otro campo de algodón es hallada muerta Martha de 26 años quien había sido acuchillada y estrangulada.

El siguiente año es lo mismo, en enero aparece el cuerpo de Alejandra de 25 años, sobre una calle céntrica de la ciudad, había sido acuchillada tres o cuatro veces y asfixiada en otra parte, allí nada más la aventaron. No llevaba zapatos. Por su parte en marzo aparece Patricia envuelta en una cobija y abandonada en un lote baldío en plena ciudad, tenía 33 y había sido acuchillada al menos 40 veces, llevaba 3 días de desaparecida.

Coral de 17, quien había desaparecido tres días antes después de también salir de una escuela de computación (*CNCI*) en el centro de Juárez, fue hallada después de haber sido violada y estrangulada, también trabajaba en una maquila (*Autoelectrónicos de Juárez*).

En marzo aparecen dos mujeres más la primera solo son restos incompletos de una osamenta, con una edad aproximada entre 17 y 21; la segunda el cuerpo de Rocío de 19 años flotando en un canal de aguas negras, había desaparecido un día antes. En mayo María de 20 apareció sobre una calle transitada. Golpeada, violada y acuchillada.

El último caso de los que fueron al menos 196 crímenes de mujeres en el periodo de 12 años comprendido de enero de 1993 a mayo de 2005 fue el terrible asesinato de Airis de solo siete años, quién después de ser raptada y violada dos semanas antes, había muerto por golpes y sumergida en un tambo con cemento.

Con el tiempo y ya una experiencia de doce años las autoridades clasificaron y denominaron dos zonas de Juárez como de alto riesgo; la primera la ubicada en el kilómetro 5 del boulevar Oscar Flores y el parque industrial Juárez, mientras la segunda en pleno centro de la ciudad, en el perímetro formado por la avenida 5 de mayo, la calle 16 de septiembre, Juárez y Vicente Guerrero. Todo indica que fueron varias las mujeres desaparecidas en esas zonas y de quién la autoridad cree que fueron subidas a autos por la fuerza, aunque en doce años no hay un solo testigo de eso, pese a ser zonas transitadas y pese a ser los raptos a la luz del día. Una tercera zona con un radio de solo 4 km dónde también fueron desaparecidas varias mujeres a plena luz del día es el ubicado en intersección del kilómetro 5 de la carretera a Casas Grandes, el eje vial Juan Gabriel y el perimetral Carlos Amaya, esto respecto al parqué industrial Juárez.

Desde los cuerpos de mujeres de los campos de algodón y pese al cinismo de depositarlos en el mismo lugar en dos noches distintas, la tensión en la ciudad era tan férrea, que acabo detonando en que las cosas cambiaran. Fue evidente que este grupo de personas modificaron su actuar; en el pasado se secuestraban mujeres una por una y se abandonaban semanas o meses después. Un tiempo después se secuestraban y se mantenían juntas, no sabemos si vivas o muertas, hasta que por alguna razón se decidía el abandonarlas en grupo, como si estuvieras vaciando la casa, preparándote para la mudanza.

A partir de este momento las mujeres halladas en Juárez era por lo general muertas, o tratadas con diferencias claras que hacen pensar en otros asesinos, en otro modus operandi. Sin embargo, las relaciones y similitudes que habían comenzado meses atrás en la ciudad de Chihuahua y que a partir de ahora se incrementan indica que el camión de mudanzas tomo en dirección a Chihuahua capital, para lo que fue el final de los asesinatos, unos meses más adelante y el final creemos de la investigación en las que las mujeres eran los conejillos de indias.

Si hubo otros, -varios-asesinatos del 2002 al 2005 en el estado pero principalmente en la ciudad de Chihuahua, después de haberse vivido en ambas ciudades las dos calamidades que, como la peste, o las plagas bíblicas del Apocalipsis tuvieron que padecer, es decir; primero el haber sido elegidas como las ciudades idóneas para la muerte sistemática de cientos de mujeres y segunda haber sido erróneamente votada en dos periodos distintos y consecutivos para ser liderada por los dos peores gobernantes de su historia; dentro de un ambiente político de incompetencia, mediocridad y complicidad criminal.

Dentro de este clima es que además de los asesinos que llevaron a cabo el grueso de los crímenes, surgieron en este periodo de tiempo, imitadores, o bandas de criminales comunes que encontraron dentro de este contexto político y de ausencia de protección a la mujer, un espacio idóneo para sacar a los demonios que se agrupan en fronteras sin autoridad, fronteras abandonadas en los límites de dos países que no las quieren ni las necesitan.

*Y allí me hallarán,*
*y allí vivirán,*
*y no morirán de nuevo.*

Además de la falta de disponibilidad de embriones, el otro gran obstáculo que ha detenido la investigación en células madre es el referente a la ética, la moral y la religión. Ningún otro campo de la biología ha sido tan controversial como la reproducción humana. Tanto la anticoncepción, como la *fertilización in vitro*, como el aborto, todos estos temas han generado el más alto nivel de debate y controversia.

Mary Shelley, tenía la edad de estas niñas cuando escribió al monstruo, cuando le dio vida con genialidad, ingenio y motivada por una apuesta juvenil, solo tenia diecinueve años. Cientos de mujeres en México conocieron a nuestro monstruo, las paginas de este libro enseñan su espinazo. A este monstruo, nuestro monstruo, le dieron vida por amor a la ciencia quizás, aunque seguramente lo hicieron por amor al dinero. Sin embargo, es un monstruo que como sociedad debemos matar, de la misma forma que en el libro de la londinense, con palos y piedras, y nuestros palos deben ser la educación, mientras nuestras piedras, gobernantes completamente diferentes a los que acostumbramos votar, es decir los requerimos: preparados, morales, decididos y valientes.

Este monstruo devoro a nuestras niñas y nuestra fe. Fue un monstruo que no extendió los límites de la ciencia, solo redujo los límites y alcances de nuestra esperanza en la humanidad.

Tenemos que reestructurar nuestras sociedades y nuestras fronteras para que nunca más, estos monstruos vuelvan a surgir, pero más importante, para que como sociedad demos un nombre y un valor a los límites, que entendamos que su existencia es fundamental, que algunos están allí para retarnos, pero entender cuales otros, están allí para cuidarlos, protegerlos y nunca pasar encima de ellos.

Sept/Oct, 2020

# ÍNDICE

1. Primer verso
1.1 El fin justifica el medio
1.2 Tyet
1.3 Atum
1.4 Aussies y monarquías
1.5 Peregrinos y otros colonizadores
2. Segundo verso
2.1. Mestizos, tíos e indígenas
2.2. Asesinatos seriales
2.3. Zozobras y sobras
3. Tercer verso
3.1. ¿Cuál es la aguja en la paja?
4. Cuarto verso
4.1. 1993
4.2. 1994
4.3. 1995
4.4. 1996
4.5. 1997
4.6. 1998
4.7. 1999
4.8. 2000
4.9. 2001
4.10. 2002
4.11. 2003
4.12. 2004 - 2005

# ALGUNAS IDEAS PRESTADAS.

El Nuevo Coloso de Emma Lazarus fue escrito en el año 1883 por la autora neoyorquina que creía en la libertad y la pluralidad de las razas. El poema se halla en el pedestal de la Estatua de la Libertad en la isla Liberty en Nueva York desde 1901.

El Himno a Isis se le llama así a unos fragmentos hallados en 1947 en Nag Hammadi, Egipto, que están conformados por evangelios y otros textos gnósticos, probablemente escritos entre el siglo III y IV después de Cristo y de los que los himnos hacen referencia a la Diosa egipcia Isis adorada por siglos en medio oriente, y en particular en territorio romano durante su imperio.

Abbas, Mohammed. Yahoo News. Embryo Clone Scientist Urges Women to Donate Eggs. Mayo 2005. http://www.yahoo.com.

Adams, Paul. BBC. Nuevo México: una ley de inmigración diferente. 31 julio 2010.
https://www.bbc.com/mundo/internacional/2010/07/100731_inmigracion_nuevo_mexico_arizona_rg

Advisory Board. The lucrative (and potentially dangerous) world of human egg donation. 29 abril, 2019. https://www.advisory.com/daily-briefing/2019/04/29/egg-donation

Al Dia News. Chicago, la primera ciudad santuario en desafiar en las cortes a Donald Trump. https://aldianews.com/es/articles/politics/chicago-la-primera-ciudad-santuario-en-desafiar-en-las-cortes-donald-trump/49380

AE Bioética. El Precio del «Milagro» de los Nacimientos por las Técnicas de Fecundación Asistida

Allied Market Reserch. U.S. IVF Services Market to Reach $4.47 Billion by 2022 at 10.6% CAGR, Says Allied Market Research. 14 mayo 2019.
https://www.globenewswire.com/news-release/2019/05/14/1823793/0/en/U-S-IVF-Services-Market-to-Reach-4-47-Billion-by-2022-at-10-6-CAGR-Says-Allied-Market-Research.html

Almargen, Hallan el cadáver calcinado de una mujer. México, febrero 2004, http://www.almargen.com.mx/homicidios/022004/calcinada.htm

Almargen, Hallan el cadáver de otra mujer en el mismo sitio de los últimos hallazgos, cerca del Cristo Negro. Marzo 2004.
http://www.almargen.com.mx/homicidios/022004/victima.htm

Almargen. Asesinan a otra mujer y arrojan su cadáver en un camino de terracería en Ascención. Mayo, 2004.
http://www.almargen.com.mx/homicidios/2004/ascencion.htm

Almargen. Encuentran dos osamentas de mujer al exhumar cadáveres de una fosa común en Juárez. México, mayo 2004.
http://www.almargen.com.mx/homicidios/2004/desentierro.htm

Almargen, Estrangulan a otra mujer y arrojan su cadáver a un lote baldío en la periferia de Juárez. México, mayo 2004.
http://www.almargen.com.mx/homicidios/2004/cuarta.htm

Almargen. Estrangulan a una adolescente en Chihuahua y abandonan su cadáver en un lote baldío. México, mayo 2004.
http://www.almargen.com.mx/homicidios/2004/unidad.htm

Almargen. Con Exámenes de ADN Identifican a Joven Asesinada en 2000 en Ciudad Juárez. México, 14 de junio 2004.
http://www.almargen.com.mx/homicidios.htm

Almargen. Asesinan y Arrojan el Cadáver de una Mujer a unas Cuadras de la Subprocuraduría en Juárez. México, 26 de julio 2004.
http://www.almargen.com.mx/homicidios.htm

Almargen. Identifican a una Mujer Asesinada: Tenía 34 años, casada y era obrera en una maquiladora. México, 28 de julio 2004.
http://www.almargen.com.mx/homicidios.htm

Almargen. Arrestan al presunto asesino de Alma Brisa. México, agosto 2004.
http://www.almargen.com.mx/homicidios/2004/sanders.htm

Almargen. Dejan el cadáver de una mujer en la misma zona donde han asesinado a por lo menos ocho más. México, enero 2005.
http://www.almargen.com.mx/homicidios/2005/arroyo.htm

Almargen. Asesinan de 40 cuchilladas a una mujer en una zona de alto riesgo sin vigilancia policíaca. México, marzo 2005.

Almargen. Asesinan de 44 puñaladas a joven obrera y arrojan su cadáver a un canal de aguas negras. México, marzo 2005.
http://www.almargen.com.mx/homicidios/2005/rocio.htm
http://www.almargen.com.mx/homicidios/2005/montelongo.htm

Almargen. Hallan otra osamenta de mujer en Juárez. México, marzo 2005.
http://www.almargen.com.mx/homicidios/2005/arenales.htm

Almargen. Estrangulan a estudiante de 17 años y arrojan su cadáver en el Lote Bravo, en Ciudad Juárez. México, marzo 2005.
http://www.almargen.com.mx/homicidios/2005/coral.htm

Almargen, Asesinan a dos mujeres más en Juárez. México, mayo 2005.
http://www.almargen.com.mx/homicidios/2005/dosmas.htm

Almargen. Homicidios de Mujeres en Ciudad Juárez. México, mayo 2005.
http://www.almargen.com.mx/homicidios.htm

American Fertility Service. Infertility Frequently Asked Questions. Understanding Female Fertility. Estados Unidos, 2005.

American Inmigration Council. An Overview of U.S. Refugee Law and Policy. 8 enero 2020. https://www.americanimmigrationcouncil.org/research/overview-us-refugee-law-and-policy

American Society for Reproductive Medicine. Patient's Fact Sheet. Fertilización in Vitro (IVF). México, noviembre 2002. www.asrm.org.

Amnistia Internacional. México. Muertes Intolerables. Diez Años de Desapariciones y Asesinatos de Mujeres en Ciudad Juárez y Chihuahua. 11 de agosto 2003.

Amos, Jonathan. BBC News Online. Scientists clone 30 human embryos. 2 de diciembre 2004. http://news.bbc.co.uk/go/pr/fr/-/2/hi/science/nature/3480921.stm

Alternative Religions. Clone or Con?. The Raelians. http://altreligion.about.com/library/weekly/aa011803a.htm

Aznar, Julio. Observatorio de Bioética Universidad Católica de Valencia. Donación de Embriones Congelados. Datos de EEUU.

BabyCenter Medical Advisory Board. Fertility Treatment: Donor Eggs and Embryos. 2005

Balogh, George W. CALS. Enciclopedya of Arkansas. Inmigration. 18 dic, 2017. https://encyclopediaofarkansas.net/entries/immigration-5034/

Banco Datos Feminicidios. América Latina, Caribe. http://www.isis.cl/Feminicidio/index.htm. Consultada entre junio 2004 y junio 2005.

Bard, Patrick. La Frontera. Editorial Grijalbo. México, 2002.

BBC Mundo. Las verdaderas cifras de los hispanos en EE.UU. y cuánto poder tienen. 15 marzo, 2016. https://www.bbc.com/mundo/noticias/2016/03/160304_internacional_elecciones_eeuu_2016_cifras_latinos_lf

BBC Mundo. Latinos en Estados Unidos: las 10 ciudades en las que viven más hispanos. 29 enero 2019. https://www.bbc.com/mundo/noticias-internacional-47036609

BBC News Mundo. 5 gráficos que explican el estado actual de la inmigración irregular en Estados Unidos. 13 julio 2019. https://www.bbc.com/mundo/noticias-america-latina-48893783

Bénitez Rohry, Candia Adriana, Cabrera Patricia, de la Mora Guadalupe, Martínez Josefina, Velázquez Isabel y Ortiz Ramona. El silencio que la voz de todas quiebra. Mujeres y victimas de Ciudad Juárez. Ediciones del Azar. S Taller de Narrativa, 1ª Ed. Chihuahua, México 1999.

Biblioteca Nacional de Medicina de E.U.A. y los Institutos Nacionales de Salud. MedLine Plus Información de Salud para Usted. Enciclopedia Médica: Análisis de semen
http://www.nlm.nih.gov/medlineplus/spanish/print/ency/article/003627.htm

Blanco, Liliana A. Síndrome de Hiperestimulación Ovárica.
http://www.lilianablanco.com. http://www.lilianablanco.com.ar

Blendon, Robert J.; Altman Drew E.; Benson John M.; Brodie Mollyann. The New England Journal of Medicine. Health Care in 2004 Presidential Election. 23 de septiembre 2004. http://www.nejm.org

Blitzer, Jonathan. The New Yorker. The Private Georgia Immigration-Detention Facility at the Center of a Whistle-Blower's Complaint.
https://www.newyorker.com/news/daily-comment/the-private-georgia-immigration-detention-facility-at-the-center-of-a-whistle-blowers-complaint

Blogger. Las muertas de Juárez, La impunidad.
http://www.impunidad.blogspot.com. 5 de diciembre 2004.

Blogger. Las muertas de Juárez, La impunidad.
http://www.impunidad.blogspot.com. 9 de diciembre 2004.

Blogger. Las muertas de Juárez, La impunidad.
http://www.impunidad.blogspot.com. 11 de diciembre 2004.

Blogger. Las muertas de Juárez, La impunidad.
http://www.impunidad.blogspot.com. 14 de diciembre 2004.

Blogger. Las muertas de Juárez, La impunidad.
http://www.impunidad.blogspot.com. 27 de enero 2005.

Blogger. Las muertas de Juárez, La impunidad.
http://www.impunidad.blogspot.com. 19 de febrero 2005.

Blogger. Las muertas de Juárez, La impunidad.
http://www.impunidad.blogspot.com. 1º de febrero 2005.

Blogger. Las muertas de Juárez, La impunidad.
http://www.impunidad.blogspot.com. 23 de marzo 2005.

Blogger. Las muertas de Juárez, La impunidad.
http://www.impunidad.blogspot.com. 27 de marzo 2005.

Blogger. Las muertas de Juárez, La impunidad.
http://www.impunidad.blogspot.com. 30 de marzo 2005.

Blogger. Las muertas de Juárez, La impunidad. http://www.impunidad.blogspot.com. 4 de abril 2005.

Blogger. Las muertas de Juárez, La impunidad. http://www.impunidad.blogspot.com. 7 de abril 2005.

Blogger. Las muertas de Juárez, La impunidad. http://www.impunidad.blogspot.com. 4 de mayo 2005.

Blogger. Las muertas de Juárez, La impunidad. http://www.impunidad.blogspot.com. 5 de mayo 2005.

Blogger. Las muertas de Juárez, La impunidad. http://www.impunidad.blogspot.com. 16 de mayo 2005.

Boston Consulting Group. Brain Science- A Dynamic Reserach Area and an Attractive Market.

Boston Indicators. Powering Greater Boston's Economy. Why the Latino Community is Critical to our Shared Future. https://www.bostonindicators.org/reports/report-website-pages/latinos-in-greater-boston

Boston Plans. Boston's Hispanic Population. http://www.bostonplans.org/getattachment/c1e57e16-ee35-42dc-ad2b-604229af86d9

Brantley, Max .Exposed: The secret plan to start privatizing prisons. 30 septiembre 2018. https://arktimes.com/arkansas-blog/2018/09/30/exposed-the-secret-plan-to-start-privatizing-prisons

Brian, Kate. The Guardian. The amazing story of IVF: 35 years and five million babies later. 12 julio 2013. https://www.theguardian.com/society/2013/jul/12/story-ivf-five-million-babies

Bukovsky, Antonin; Svetlikova, Marta y Caedle, Michael R. Reproductive Biology and Endocrinology, 3:17. Oogenesis in Cultures Derived from Adult Human Ovaries. Mayo 2005. http://rbej.com/content/3/1/17

CALS. Encyclopedia of Arkansas. Terrell Don Hutto (1935–). 28 feb, 2020. https://encyclopediaofarkansas.net/entries/terrell-don-hutto-12346/

Cancino, Jorge. Univision. Comunidades Seguras, el programa de deportaciones que canceló Obama y Trump quiere revivir. 9 noviembre 2016. https://www.univision.com/noticias/inmigracion/comunidades-seguras-el-programa-de-deportaciones-que-cancelo-obama-y-trump-quiere-revivir

Caochella. Movimiento Chicano. https://www.brown.edu/Research/Coachella/chicano_es.html#:~:text=Hi

storiadores%20han%20usado%20el%20%E2%80%9Cmovimiento,peyorativo%20entre%20j%C3%B3venes%20m%C3%A9xico%2Damericanos.

Capps, Randy, McCabe, Kristen, Fix, Michael, and Ying Huang. Migration Policy Institute. Winthrop Rockefeller Foundation Little Rock, Arkansas . A profile of immigrants in Arkansas. Changing workforce and family demographics. 2013

Cardona, Julián, Almargen. Morir Despacio. Una Mirada dentro de las Plantas Maquiladoras en la Frontera Estados Unidos/México. México, diciembre 2004.
http://www.almargen.com.mx/pdi/JulianCardona/morir_despacio.htm

Center for Constitunional Rights. Detention Watch Network. New Information from ICE ERO's July Facility List. 2017.

CDC. Centers for Disease Control and Prevention. Assisted Reproductive Technology (ART) Data.
https://nccd.cdc.gov/drh_art/rdPage.aspx?rdReport=DRH_ART.ClinicInfo&rdRequestForward=True&ClinicId=9999&ShowNational=1

Center for Medicare and Medicaid Expendings. Health Care Spending. National Health Expenditures 2017 Highlights.
https://www.cms.gov/research-statistics-data-and-systems/statistics-trends-and-reports/nationalhealthexpenddata/downloads/highlights.pdf

Centro de Estudios Internacional Gilberto Bosques. Senado de la República. Análisis e Investigación. Monitor Legislativo Internacional. La ley sb4 en Texas: nuevos controles migratorios y discriminación racial. 16 mayo, 2017.

Centro de Reproducción Asistida de Occidente. Tratamientos. Inseminación Intrauterina. http://fertinvitro.com/intrauterina.htm

Centro de Reproducción Asistida de Occidente. Tratamientos. Inyección del Espermatozoide al Interior del óvulo. http://fertinvitro.com/icsi.htm

Chi, Hee-Jun; Koo, Jung-Jin; Kim, Moon-Young; Joo, Jin-Young; Chang, Sang-Sik; Chung, Kil-Saeng. Human Reproduction. Vol 17, No. 8, pp2146-2151. Cryopreservation of Human Embryos Using Ethylene Glycol in Controlled Slow Freezing. 2002.

Christianity-General. Trio Proceed with Cloning Projects.
http://christianity.about.com/library/weekly/aa080901.htm

Cibelli Jose, B; Kiessling, Ann A.; Cunniff, Kerrianne; Richards Charlotte, Lanza, Robert P.; West, Michael D., Advanced Cell Technology. The Journal of Regenerative Medicine, vol. 2, 2001. Somatic Cell Nuclear Transfer in Humans: Pronuclear and Early Embrionyc Development. Estados Unidos, 26 de noviembre 2001.

Cibelli Jose, B; Lanza Robert, P; West Michael D; Ezzell Carol, Scientific American Magazine. The First Cloned Human Embryo. Estados Unidos, 2001.

Cimacnoticias. Nueva víctima en Ciudad Juárez. Diciembre 2004.
http://www.cimacnoticias.com/noticias/04dic/04120301.html

Cimacnoticias. Se Duplican Asesinatos de Mujeres en Juárez durante 2004. México, diciembre 2004.
http://www.cimacnoticias.com/noticias/04dic/04122005.html

Cimacnoticias. Hallan el cadáver de otra mujer asesinada en Ciudad Juárez. Mayo 2005. http://www.cimacnoticias.com/noticias/05may/05052312.html

Cimacnoticias. Disponible Banco de Datos sobre Feminicidio. Agosto 2005.
http://www.cimacnoticias.com/noticias/04ago/0408506.html

Cision PR Newswire. U.S. Fertility Clinics & Infertility Services: 2018 Industry Analysis. 10 diciembre 2018.
https://www.prnewswire.com/news-releases/us-fertility-clinics--infertility-services-2018-industry-analysis-300762485.html#:~:text=Venture%20capital%20firms%20are%20eyeing,delayed%20childbearing%20due%20to%20careers.

City of Boston. Hispanic Inmigration in Boston. Boston's Hispanic Population. Imagine all the people. Mayo 2009.

Clarke, Matt. Human Rights Defense Center. Prision Legal News. LaSalle Corrections: A Family-Run Prison Firm. 15 febrero 2015.
https://www.prisonlegalnews.org/news/2013/feb/15/lasalle-corrections-a-family-run-prison-firm/

Clonaid.com. http://www.clonaid.com/content.php?

CNN. En una historia espantosa de esterilizaciones forzadas, algunos temen que Estados Unidos esté comenzando un nuevo capítulo.
https://cnnespanol.cnn.com/2020/09/17/en-una-historia-espantosa-de-esterilizaciones-forzadas-algunos-temen-que-estados-unidos-este-comenzando-un-nuevo-capitulo/

Coalition for the Advancement of Medical Research (CAMR). Frequently Asked Questions About SNCT (Therapeutic Cloning). 2005.
http://www.camradvocacy.org/fastaction/faqs.asp

Comisión Especial para Conocer y dar Seguimiento a las Investigaciones Relacionadas con los Feminicidios en la Republica Mexicana y a la Procuración de Justicia Vinculada. 25 noviembre 2004.

Comisión Especial para Conocer y dar Seguimiento a las Investigaciones Relacionadas con los Feminicidios en la Republica Mexicana y a la Procuración de Justicia Vinculada. Víctimas del Feminicidio en Ciudad Juárez 1993-2005. Informe de la Comisión Nacional de Derechos Humanos,

2003; Procuraduría General de Justicia del Estado de Chihuahua, 1993-1998; Informe Periodístico de la Comisión Especial de Feminicidios 2004 y 2005.

Comisión Interamericana de Derechos Humanos. Resolución de la Corte Interamericana de Derechos Humanos de 21 de mayo de 2013. Caso González y otras ("Campo Algodonero") vs. México Supervisión de Cumplimiento de Sentencia.
https://www.corteidh.or.cr/docs/supervisiones/gonzalez_21_05_13.pdf

Comisión Nacional de Derechos Humanos. Informe Especial de la CNDH sobre los Casos de Homicidios y Desapariciones de Mujeres en el Municipio de Juárez, Chihuahua. 2003.
https://www.cndh.org.mx/documento/informe-especial-de-la-cndh-sobre-los-casos-de-homicidios-y-desapariciones-de-mujeres-en

Committee on the Biological and Biomedical Applications of Stem Cell Research; Board on Life Sciences. National Research Council; Board on Neuroscienceand Behavioral Health. Institute of Medicine. Stem Cells and the Future of Regenerative Medicine. Estados Unidos, 2002, National Academy Press. http://books.nap.edu/catalog/10195.html.

Committee on Science, Engineering and Public Policy. Policy and Global Affairs Division; Board on Life Sciences, Division on Earth and Life Studies; National Academy of Sciences; National Academy of Engineering; Institute of Medicine; National Research Council. Scientific and Medical Aspects of Human Reproductive Cloning. Estados Unidos. 2002, National Academy Press. http://books.nap.edu/catalog/10285.html.

Congreso de los Estados Unidos. Joint Economic Committee "The Economic State of the Latino Community in America". Octubre 2015

ConsumerAffairs.com. Per Capita U.S. Health Care Costs Triple Canada´s. Agosto 2003.

Corte Interamericana de Derechos Humanos. Resolución de la Corte Interamericana de Derechos Humanos de 21 de Mayo de 2013. Caso González y otras ("Campo Algodonero") vs. México supervisión de cumplimiento de sentencia.
https://www.corteidh.or.cr/docs/supervisiones/gonzalez_21_05_13.pdf

Coulombe, Kathleen, Gil William Rafael. Congressional Hispanic Caucus Institute Inc. Society for Human Resource Management. The Changing U.S. Workforce: The Growing Hispanic Demographic and the Workplace.

Croce, Pietro. Hans Ruesch Foundation. Fetal Experimentation. Octubre 2004. Sacado del libro Vivisection or Science-a choice to make, 1991.
http://www.animalvoices.org/croce.htm

Damián, Bernal Lucia. Procuraduría General de Justicia del Estado de Chihuahua. Comisión Especial de Feminicidios. Investigación 1993-1998. Actualización 2005. Informe de la Comisión Nacional de Derechos Humanos (2003) y archivos periodísticos de la Comisión Especial de Feminicidios.

Lugar en que se encontró a las víctimas del feminicidio en Ciudad Juárez. 1993-2005.

Damián, Bernal Lucia. Procuraduría General de Justicia del Estado de Chihuahua. Comisión Especial de Feminicidios. Investigación. Municipios del Estado de Chihuahua en los que se han Asesinado a Mujeres a partir de noviembre de 2004 a abril de 2005. Abril 2005.

Damián, Bernal Lucia; Neri, Paulyna; Pérez Erika; Vázquez, Ivan. Procuraduría General de Justicia del Estado de Chihuahua. Comision Especial de Feminicidios. Investigación 1993-1998. Unidad de Servicios de Información Estadística y Geográfica de la H. Cámara de Diputados. Actualización diciembre 2004. Informe de la Comisión Nacional de Derechos Humanos (2003) y notas periodísticas. Víctimas del Feminicidio Identificadas y no Identificadas en Ciudad Juárez. 1993-2004.

Data Trends Publications, Inc. Segunda edición. 2003 Guide to Stem Cell Companies. Global Directory of Public and Private Companies Pursuing Stem Cell Research and Stem Cell-based Therapeutic Product Development. Febrero 2003.

Delgadillo, Willivaldo. La Jornada. Francisco Barrio: el cinismo y el olvido. 24 enero, 2015.
https://www.jornada.com.mx/2015/01/24/opinion/014a1pol

del Valle, Sonia. Caso Ciudad Juárez. Crónica de la Impunidad. Las muertas de Juárez, La impunidad. http://www.impunidad.blogspot.com. Tomado de Milenio Semanal, 15 de Noviembre del 2004.

de la O, María Eugenia. El trabajo de las mujeres en la industria maquiladora de México: balance de cuatro décadas de estudio. Revista de Antropología Iberoamericana. www.aibr.org. 2006

Deoxy. Org. Deoxyribonuleic Hyperdimension.
http://deoxy.org/gipkarma.htm

Department of Justice. Office of Justice Programms. Edward Byrne Memorial Justice Assistance Grant (JAG) Program.
https://bja.ojp.gov/program/jag/overview

Dickerson, Caitlin. The New York Times. ¿Qué es DACA y por qué terminó en la Corte Suprema de Estados Unidos?. 18 junio 2020.
https://www.nytimes.com/es/article/daca-que-es.html

Díez, Beatriz. BBC. Cómo logró California convertirse en la 5ª economía del mundo (y cuáles son algunos de los inconvenientes). 28 mayo 2018.
https://www.bbc.com/mundo/noticias-44204832

Dixie Chemical Company Inc. Product Technical Bulletin. 3-Chloro-1,2-Propanediol. Chloroglycerine (CG). Estados Unidos,1995

Doerflinger, Richard M. "Stem Cell" Experiments: Renewing the Attack on Human Embryos. 1998.
http://www.nrlc.org/news/1998/NRL12.98/Doer.html

Doerflinger, Richard M. Human Embryo Research: Where We´ve Been, Where We Should Go. 2004. http://www.cogforlife.org/stemdoerfeb.htm

Douglas, John E.; Burgués, Ann W,; Burguéss, Allen G; Ressler, Robert K. Crime Classification Manual. A Estándar System for Investigating and Classifying Violent Crimes. Edit. Jossey-Bass. Estados Unidos, 1992.

El Colegio de la Frontera Norte. Observatorio de Legislación y Política Migratoria. DREAM ACT/DACA a timeline. 8 marzo, 2018.
https://observatoriocolef.org/infograficos/dream-act-daca-a-timeline/

El Pueblo Latino. Informe predice 1.15 millones de latinos en Massachusetts para el 2035. 13 marzo 2019.
https://www.masslive.com/elpueblolatino/2019/03/el-crecimiento-de-la-poblacion-latina-requiere-un-plan-a-largo-plazo-editorial.html

Elige, Red de Jóvenes por los Derechos Sexuales y Reproductivos, AC. Informe Estadístico sobre Casos de Mujeres Asesinadas en Ciudad Juárez Chihuahua de junio 1992 a junio 1993. México, 2002.

Enclavefeminista.org. Las Empresas Maquiladoras. México, 1998.
http://www.enclavefeminista.org/mexico/maquila.htm

Escuelas y Universidades en Ciudad Juárez-Chihuahua-Portal Ciudad Juárez-Discovery Internet. http://www.portal-juarez.com/regional/juarez/escuelasyuniversidades.html

Esmas. Bancos de Células Madre. 2004.
http://www.esmas.com/salud/home/avances/360503.html

Espinoza Valle, Víctor Alejandro. Nexos. Nueva ley migratoria. 1 mayo, 1997.
https://www.nexos.com.mx/?p=8278#:~:text=El%201%20de%20abril%20entr%C3%B3,indocumentada%20de%20las%20%C3%BAltimas%20d%C3%A9cadas.

ESI. Press Release. ES Cell International Opens Global R&D Stem Cell Facility at the Biopolis in Singapore. Singapure, 16 de septiembre 2004.

Faddy, Malcolm, Gosden, Matthew, Gosden, Roger. RBM Online. Elsevier. A demographic projection of the contribution of assisted reproductive technologies to world population growth. 2018

Fay, Max. Debt. Org. Medical Debt Relief. https://www.debt.org/medical/ Fertility Institutes.

Hospital San Javier, Guadalajara; Clínica de Infertilidad. Egg Donors and Procedures. 2004. http://www.fertility-docs.com/spanish.phtml

Fernandez, Manny, Jordan, Miriam, Dickerson, Caitlin. Tribunales migratorios en carpas, la nueva política de Trump. Los solicitantes de asilo ante EE. UU. son obligados a esperar en México y solamente comparecen ante jueces por video en procesos acusados de secretismo. 13 de septiembre de 2019.
https://www.nytimes.com/es/2019/09/13/espanol/mundo/tribunales-migratorios-texas.html

Fertility Institutes. Hospital San Javier, Guadalajara; Clínica de Infertilidad. Infertilidad. 2004. http://www.fertility-docs.com/spanish.phtml

Fiscalía Especial para la Atención de Delitos Informe Final Relacionados con los Homicidios de Mujeres en el Municipio de Juárez, Chihuahua. Relación de Homicidios de Mujeres y de su Resolución por parte de las Autoridades de la Procuraduria General de Justicia del estado de Chihuahua (octubre 2004 a diciembre 2005)

Fiscalía Especial para la Atención de Delitos Informe Final Relacionados con los Homicidios de Mujeres en el Municipio de Juárez, Chihuahua. Listado de Posibles Responsabilidades Administrativas y Penales en contra de Servidores Públicos.

Fitz, Marshall, Kelley Angela Maria. Center of American Progress. The Nasty Ripple Effects of Alabama's Immigration Law. H.B. 56 Is Bad for the State and a Losing Strategy for Its Supporters. 27 oct, 2011.
https://www.americanprogress.org/issues/immigration/news/2011/10/27/10404/the-nasty-ripple-effects-of-alabamas-immigration-law/

FuturePundit. Randall Parker. Biotech Reproduction. Future Technological Trends and their Likely Effects on Human Society, Politics and Evolution. The Growing Market for Donor Eggs. 8 de enero 2003.

FuturePundit. Randall Parker. Biotech Reproduction. Future Technological Trends and their Likely Effects on Human Society, Politics and Evolution. IVF Embryo Genetic Defect Rate for Young Women has Ethical Implications. 23 de octubre 2005.

Gambro 2003 Annual Report. Capital Market and Media Event. Focus on Gambro BCT and the blood market. Suecia, 30 noviembre 2004.

Gaspar Olvera, Selene. Unidad Académica de Estudios del Desarrollo. SIMDE. Migración México Estados Unidos en cifras(1990-2011). Enero, 2012.
http://www.scielo.org.mx/scielo.php?script=sci_arttext&pid=S1870-75992012000100004.

Gawande, Atul. New York Times: Premium Archives.Book Review Desk: Merchants of Inmortality, Chasing the Dream of Human Life Extension, by Hall, S. Sthepen. Call my Cell. 13 julio 2003.
http://query.nytimes.com/gst/fullpage.html?res=9E02E2DE113AF930A25754COA9659C8B63

Glazer, Ellen S. Harvard Health Publishing.. Infertility: Extra embryos – too much of a good thing?. 22 abril, 2019.
https://www.health.harvard.edu/blog/infertility-extra-embryos-too-much-of-a-good-thing-2019042216476

Goncebat, Ricardo. T1msn México. Educación. El Debate, También Clonado. 2004.
http://www.t1msn.com.mx/educacion/conocimiento/especiales/clonación/

Goncebat, Ricardo. T1msn México. Educación. Otros Experimentos y Otras Fuentes. 2004.
http://www.t1msn.com.mx/educacion/conocimiento/especiales/experimentos/

Gregory, James. University of Washington. America's Great Migrations. Arizona Migration History 1860-2017.
https://depts.washington.edu/moving1/Arizona.shtml

Grupo Ocho de Marzo de Cd. Juárez A.C. Lista de Mujeres Asesinadas. Año 2002. Recabada de los periódicos locales.
http://www.geocities.com/pornuestrashijas/crimenes.html

Hansel et al. United States Patent. Nitric Oxide-Scavening System for Culturing Oocytes, Embryos, or other Cells. Patent. No. US 6,864,086 B2. Marzo 2005.

Harvard Health Policy Review. Implications of Policy Decisions on Human Embryonic Stem Cell Research in the United States. Vol. 2, No. 1. Primavera 2001.

Havlak, Julie. The Laurinburg Exchange. Dollars and debt: How long can Medicaid expansion last?. 23 septiembre 2019.
https://www.laurinburgexchange.com/features/health/29271/dollars-and-debt-how-long-can-medicaid-expansion-last

Heinrich Böll Foundation. Human Cloning and Stem Cell Research in the USA. A Report of the Heinrich Böll Foundation, Washington Office. Octubre 2001. http://www.bioskop-forum.de/themen/stammzellforschung/human_cloning_stem_cell_research-usa.htm

Hernández León NACLA. Corruption Behind Bars. The egregiously corrupt—though technically legal—system of private detention in the United States exploits immigrants, lining the pockets of jailers while incentivizing government enforcement strategies.
https://nacla.org/news/2019/06/20/corruption-behind-bars

Hernández León, David. TRACE. Travaux et Recherches dans les Ameriqués du Centre. Open Edition Journal. La industria de la migración en el sistema migratorio México-Estados Unidos Junio 20, 2019. https://journals.openedition.org/trace/1147

Hernández López José de Jesús. Estudio criminológico de los asesinatos de mujeres en Ciudad Juárez. Chihuahua, México, diciembre 2000.
http://www.analitica.com/va/hispanica/3836774.asp

Hidgalgo-Ayala, Ximena. Impacto Latino. Las comunidades latinas de Nueva York. septiembre 19, 2019.
https://impactolatino.com/las-comunidades-latinas-de-nueva-york/

Hispanic Federation. Nueva York and Beyond: The Latino Communities of the Tri-State Area.
https://hispanicfederation.org/advocacy/reports/nueva_york_and_beyond_the_latino_communities_of_the_tri-state_area/

Hoffman, David I., Gail L. Zellman, C. Christine Fair, Jacob F. Mayer, Joyce G. Zeitz, William E. Gibbons, and Thomas G. Turner, Jr. How Many Frozen Human Embryos Are Available for Research?. RAND Corporation. 2003.
https://www.rand.org/pubs/research_briefs/RB9038.html.

Hospital San Javier. Nivel de Éxito de FIV ("IVF") por Ciclo en Nuestro Programa en Guadalajara: 45%. Guía del Paciente hacia la Tecnología de Reproducción Asistida. México. abril 1999.

HSE Consulting and Sampling, Inc. for Entertainment Services & Technology Association. Literature Review for Glycerol and Glycols.
www.esta.org/tsp/working_groups/FS/docs/HSE.pdf

Huerta, Ibarra Salomón. Chihuahua. Planos de las Cds. de Chihuahua, Cd. Juárez, Delicias, Hidalgo del Parral y Mapa General del Estado. Dist. de Ediciones Independencia.

Human Fertilisation and Embryology Authority. Embryo Freezing.
https://www.hfea.gov.uk/treatments/fertility-preservation/embryo-freezing/

Human Biotechnology Governance Forum.
http://www.biotechgov.org/snake.php. Consultada entre enero-junio 2005.

Human Rights Watch .US: New Report Shines Spotlight on Abuses and Growth in Immigrant Detention Under Trump. 30 abril 2020.
https://www.hrw.org/news/2020/04/30/us-new-report-shines-spotlight-abuses-and-growth-immigrant-detention-under-trump

Human Rights Watch. Vivir sin dignidad. La Ley sobre Inmigración de Alabama. 14 dic, 2011

Humanitas.org. Adult vs. Embrionyc Stem Cell Research. Estados Unidos, 2003. http://www.humanitas.org

Humber, James M.; Almeder, Robert F. Edit. Humana Press. Biomedical Ethics Reviews. Stem Cell Research. Estados Unidos, 2004.

Ibarz, Joaquim. La Vanguardia. Hemerosectas - Artículos de prensa sobre las sectas 1980-2000. Ciudad Juárez: Diez años de crímenes e impunidad. 20 de julio, 2003.
www31.brinkster.com/hsectas/resultados_ficha.asp?articulo=1924

IDRC.CA. Changes in Molecular Bioscience: What Impact on Science and Biodiversity?. 26 de agosto 2004. http://network.idrc.ca/en/ev-41414-201-1-DO_TOPIC.html

Institute of Reproductive Health. In Vitro Fertilization.

Instituto Vida. Instituto de Ciencias en Reproducción Humana. Técnicas y Procedimientos. http://www.institutovida.com/terapias.asp

Invest in Sweden Agency. Stem Cells. Mayo, 2002.
http://www.isa.se/lifesciences.htm

Jiménez, Soudi. Hoy Los Angeles. Congreso aprobó ley que daría ciudadanía a 2.1 millones de amparados a Daca, TPS y DED. 4 junio 2019.
https://www.hoylosangeles.com/lomasweb/hoyla-congreso-aprobo-ley-que-daria-ciudadania-a-2-1-millones-de-amparados-a-daca-y-tps-20190604-story.html

Johnson, Judith A., Library of Congress, Congressional Research Service. CRS Report for Congress. Human Cloning. Estados Unidos, 19 de diciembre, 2001.

Jones Phillip B. C. Funding of human stem cell research by the United States. EJB Electronic Journal of Biotechnology. 15 abril 2000.
http://www.ejb.org/content/vol3/issue1/full/3/

Kaisernetwork.org, Kaiser Family Foundation. NCSL: Ethics, Eggs and Embryos:Regulating Assisted Reproductive Technologies.

Kellman, Laurie. Associated Press. Harkin: Lift Stem Cell Restrictions. 2004.
http://www.yahoo.com, http://senate.gov.

Kellman, Laurie. Associated Press. Yahoo News. House Defies Bush, Approves Stem Cell Bill. 2005. http://www.yahoo.com.

Khan, Irene. Amnesty International. Developments as of September 2003 and Intolerable Killings: 10 Years of Abductions and Murder of Women in Ciudad Juarez and Chihuahua. AMR 41/026/2003. México, septiembre 2003.

Kinsey, III, E. Wayne; Sharif, Sharif; Harry, David N. Delphion Integrated View. Method and Composition for Delaying the Cross-Linking of Water Soluble Polymer Solutions. Patent Number US 5565513. Estados Unidos, octubre 1996.

Latina Seattle. Perfil de la comunidad Hispana Latina en Washington. 8 diciembre 2017. https://www.latinaseattle.com/perfil-de-la-comunidad-hispana-latina-en-washington/#:~:text=Total%20de%20la%20poblaci%C3%B3n%20Hispana,edad)%20es%20del%2029%25.

Lira Saade, Carmen. La Jornada. Investigará fiscalía especial de la PGR desaparición de personas en Juárez. Son 200 casos registrados entre 1993 y 1998. 17 enero, 2002.
https://www.jornada.com.mx/2002/01/17/033n1est.html

Loweree, Jorge. Inmigration impact. How Florida's SB 168 Will Benefit the Private Prison Industry.10 oct, 2019.
https://immigrationimpact.com/2019/05/10/florida-sb168-private-prison-industry/#.X3ox5pMzat8

Madan, Monique. Miami herald. Having zero kids at Homestead has cost $33 million so far — that number will rise. 18 sept, 2019.
https://www.miamiherald.com/news/local/immigration/article235226457.html

Marchione Marilynn. JSOnline, Milwaukee, Journal Sentinel. Nearly 400,000 human embryos frozen in clinics. 7 de mayo, 2003.

MapQuest.com. Inc. Ciudad Juárez. 2005.

Massey, Douglas S., Pren, Karen A. Doc. Anal. Georg. La guerra de los Estados Unidos contra la inmigración. Efectos paradójicos. 2013.
https://www.ncbi.nlm.nih.gov/pmc/articles/PMC4827256/

Maya, Rafael. Cimacnoticias. Violencia y repudio social en ascenso. Se duplican asesinatos de mujeres en Juárez durante 2004. Diciembre 2004.
http://www.cimacnoticias.com/noticias/04dic/04122005.html

Mead, Rebecca. The New Yorker. Annals of Reproduction. Eggs for Sale. 9 de agosto 1999.

Medgadget. Stem Cell Therapy Market Size, Share | Global Industry Research on Growth, Trends and Opportunity 2020-2025. 19 agosto 2005.
https://www.medgadget.com/2020/08/stem-cell-therapy-market-size-share-global-industry-research-on-growth-trends-and-opportunity-2020-2025.html#:~:text=Stem%20Cell%20Therapy%20Market%20is,8.5%25%20over%20the%20forecast%20period.

Medline Plus. Biblioteca Nacional de Salud de EUA y los Institutos Nacionales de Salud. Enciclopedia Médica: Análisis de Sémen. Estados Unidos.
http://www.nlm.nih.gov/medlineplus/spanish/ency/article/003627.htm

Meisnner, Doris, Kerwin, Donald, Chishti, Muzzafar, Begeron, Claire. Migration Policy Institute. Inmigration Enforcement in the United States: the Rise of Formidable Machinery. Enero, 2013.

Mervis, Jeffrey. Science. Data check: U.S. government share of basic research funding falls below 50%. Mar. 9, 2017.
https://www.sciencemag.org/news/2017/03/data-check-us-government-share-basic-research-funding-falls-below-50

Merchant, Nomaan. AP. Washington Post. Private prison industry backs Trump, prepares if Biden wins. 13 agosto ,2020.
https://www.washingtonpost.com/health/private-prison-industry-backs-trump-prepares-if-biden-wins/2020/08/13/a51c8f64-dd8a-11ea-b4f1-25b762cdbbf4_story.html

Merchant, Nomaan. Chicago Tribune. Prisiones privadas de inmigrantes donan dinero a Trump. 13 agosto 2020.
https://www.chicagotribune.com/espanol/sns-es-elecciones-prisiones-privadas-de-inmigrantes-donan-dinero-trump-20200813-q454b47ohvem5gheieqvtfc2wy-story.html

Mervis, Jeffrey. Science. Data check: U.S. government share of basic research funding falls below 50%. 9 marzo 2017.
https://www.sciencemag.org/news/2017/03/data-check-us-government-share-basic-research-funding-falls-below-50

Muñiz Grijalvo, Elena. Himnos a Isis. Ed Trotta. España

Muscati Sina, A. University of Ottawa-Carlton University, Defining a new ethical standard for human in vitro embryos in the context of stem cell research. 2001.

Naciones Unidas, Comité para la Eliminación de la Discriminación contra la Mujer. Convención para la Eliminación de Todas las Formas de Discriminación contra la Mujer. CEDAW/C/2005/OP.8/MEXICO. Enero 2005. http://www.almargen.com.mx/archivo/mujeres/cedaw.pdf

New American Economy. Unidos US. How Hispanics Contribute to the US Economy. Dic, 2017

NCPA.org. The Medicare Monster. 9 de mayo, 2005.
http://www.ncpa.org/iss/hea/

Neergaard, Lauran. ABC 7 News. Scientists Speed Creation of Stem Cells. Estados Unidos, 19 de mayo, 2005. http://www.sciencemag.org.
http://www.wjla.com/news/stories/0505/229610.html

Noguchi, Yuki. NPR. Under Siege And Largely Secret: Businesses That Serve Immigration Detention. June 30, 201910.
https://www.npr.org/2019/06/30/736940431/under-siege-and-largely-secret-businesses-that-serve-immigration-detention

Norwich Evening News. IVF Success Rates Revealed in Guide. Mayo 2005.

Nussbaum, Arista. Cryobiology: Low temperature Studies of Biological Systems.

Observatorio de Legislación y Política migratória. DREAM ACT/DACA a timeline. 8 de marzo del 2018.
https://observatoriocolef.org/infograficos/dream-act-daca-a-timeline/

Oldham, Grace. AZ Central. Arizona has suppressed Black, Latino and Native American voters for more than a century. 13 septiembre 2020.
https://www.azcentral.com/story/news/politics/arizona/2020/09/13/arizonas-history-suppressing-black-latino-native-american-voters/5771359002/

OpenSecrets.Org. Center of Responsive Politics. Dark Money Basics.
https://www.opensecrets.org/dark-money/basics

Osey. Justia Supreme Court Resources. Hutto v. Finney.
https://www.oyez.org/cases/1977/76-1660

Paddison, Joshua. Calisphere. Universidad de California. Essay: 1921-present: Modern California - Migration, Technology, Cities. 2011.
https://calisphere.org/exhibitions/essay/7/modern-california/

Parson, Ann B. National Academy of Sciences. Proteus Effect. Stem Cells and their Promise for Medicine. Estados Unidos, 2004, Joseph Henry Press.
http://books.nap.edu/catalog/11003.html.

Pequeño, Consuelo. Mujeres en movimientos. Organización y resistencia en la industria maquiladora de Ciudad Juárez. Universidad Autónoma de Ciudad Juárez. 2015

Pereyra, Laura. AmericanProgress.org. Los beneficios económicos de la aprobación del Acta DREAM. 1 Octubre 2012.
https://esp.americanprogress.org/press/release/2012/10/01/39867/nuevo-informe-los-beneficios-economicos-de-la-aprobacion-de-la-ley-dream/

Pérez-Espino, José. Diario de Juárez-Almargen. Ciudad Juárez: el tiempo perdido. ¿Sorprendentes Semejanzas?. México, 2 de mayo, 1996.
http://www.almargen.com.mx/archivo/jpe/homicidios.htm

Pérez-Espino, José. Homicidios de Mujeres en Ciudad Juárez - Saldo de nueve años de impunidad. Almargen, 2002.
www.almargen.com.mx/pdi/E1%20silencio/impunidad.html.

Perfil de la comunidad Hispana Latina en Washington.
https://www.latinaseattle.com/perfil-de-la-comunidad-hispana-latina-en-washington/#:~:text=Total%20de%20la%20poblaci%C3%B3n%20Hispana,edad)%20es%20del%2029%25.

Peter G. Peterson Foundation. Key Drivers of the Debt.
https://www.pgpf.org/the-fiscal-and-economic-challenge/drivers

Pflum, Mary. NBC News. Nation's fertility clinics struggle with a growing number of abandoned embryos Ago 12, 2019.

https://www.nbcnews.com/health/features/nation-s-fertility-clinics-struggle-growing-number-abandoned-embryos-n1040806

Pickering, Susan; Braude, Peter. Clinical Review. ABC of Subfertility. Further Advances and Uses of Assisted Conception Technology. BMJ, vol 327. Noviembre, 2003. http://www.bmj.com

Pineda Jaimes, Servando. Los mitos de las muertas de Juárez. Norte, Periódico Norte de Ciudad Juárez.
www.nortedeciudadjuarez.com/paginas/espanalisis/analisis.html. Julio 2004.

Population Council. Momentum. The Culture of Cells: Molecular Biologists Benedit from Unique Facility. Diciembre 1999.
http://www.popcouncil.org/publications/momentum/momentum1299_7.html

Portal-Ciudad Juárez.com. Escuelas y Universidades en Ciudad Juárez, Chihuahua. http://www.portal-juarez.com/regional/juarez/escuelasyuniversidades.html

Portal de datos mundiales sobre la migración. Una perspectiva Global. 2020. https://migrationdataportal.org/es?i=stock_abs_&t=2019

Primer Informe de la Fiscalía Especial Para la Atención de Delitos Relacionados con los Homicidios de Mujeres en el Municipio de Juárez, Chihuahua, junio 2004. http://www.almargen.com.mx/archivo/fefuno.pdf

Prevot, Rebecca. Campus Press. Putting a Price on Human Life. Today's Scientific Advancements have Created a Whole new Market: Human Eggs are Bought and Sold. 18 de marzo 2000.
http://bcn.boulder.co.us/campuspress/2000/03/16/eggdonor20000316.html.

Proceso. Corte Interamericana condena a México por muertas de Juárez. 10 diciembre 2009. https://www.proceso.com.mx/121075/corte-interamericana-condena-a-mexico-por-muertas-de-juarez

Procuraduría General de Justicia del Estado de Chihuahua, Oficina de Averiguaciones Previas y de Conciliación y Servicio Social, Ministerio Público. García Leal, Rosario Averiguación Previa 23458/95 y su Acumulada 6698/96[1]. Causa Penal 174/022 (Séptimo Penal Morelos). Antes Causa Penal 141/96 (Quinto Penal Bravos).

Procuraduría General de Justicia del Estado de Chihuahua, Oficina de Averiguaciones Previas y de Conciliación y Servicio Social, Ministerio Público. Castro Pando, Guadalupe Verónica. Averiguación Previa 5462/96 y su Acumulada 6086/96. Causa Penal 174/02 (Séptimo Penal Morelos). Antes Causa Penal 141/96 (Quinto Penal Bravos).

Procuraduría General de Justicia del Estado de Chihuahua, Oficina de Averiguaciones Previas y de Conciliación y Servicio Social, Ministerio

Público. Desconocida 42/96 Averiguación Previa 6086/96, Acumulada a la 5462/96. Causa Penal 174/022 (Séptimo Penal Morelos). Antes Causa Penal 141/96 (Quinto Penal Bravos).

Procuraduría General de Justicia del Estado de Chihuahua, Oficina de Averiguaciones Previas y de Conciliación y Servicio Social, Ministerio Público. Osamenta 44/96 Averiguación Previa 6120/96.

Procuraduría General de Justicia del Estado de Chihuahua, Oficina de Averiguaciones Previas y de Conciliación y Servicio Social, Ministerio Público. Sáenz Díaz, Perla Patricia Averiguación Previa 3563/98.Causa Penal 123/98 (Primer Penal Bravos).

Procuraduría General de Justicia del Estado de Chihuahua, Oficina de Averiguaciones Previas y de Conciliación y Servicio Social, Ministerio Público. Herrera Monreal, Esmeralda y/o Desconocida. Averiguación Previa 27913/01. Causa Penal 48/02 (Séptimo Penal Morelos).

Procuraduría General de Justicia del Estado de Chihuahua, Oficina de Averiguaciones Previas y de Conciliación y Servicio Social, Ministerio Público. González, Claudia Ivette. Mujer Desconocida 189/01. Averiguación Previa 27913/01. Causa Penal 426/01 (Tercer Penal Bravos).

Procuraduría General de Justicia del Estado de Chihuahua, Oficina de Averiguaciones Previas y de Conciliación y Servicio Social, Ministerio Público. Ramos Monarrez, Laura Berenice y/o Mujer Desconocida 190/01. Averiguación Previa 27913/01. Causa Penal 426/01 (Tercer Penal Bravos).

Rader, William C, Medra Inc. Fetal Stem Cell Therapy Factsheet. Estados Unidos, 2004. http://www.medrainc.com

RAND Institute of Civil Justice and RAND Health. How Many Frozen Human Embryos are Available for Research?. Estados Unidos, mayo 2003.

Rappleye, Hannah, Riordan Seville, Lisa. NBC News. 24 immigrants have died in ICE custody during the Trump administration. The deaths of 3 detainees since April, along with the release of internal reports about detention center conditions, have spurred an outcry from advocates. 9 junio 2019. https://www.nbcnews.com/politics/immigration/24-immigrants-have-died-ice-custody-during-trump-administration-n1015291

Refusing to forget. The history of racial violence on the Mexico-Texas border. Some of the worst racial violence in united states history took place along the Mexico-Texas border from 1910 to 1920. https://refusingtoforget.org/the-history/

Regents of the University of California.Essay: 1921-present: Modern California - Migration, Technology, Cities. 2011. https://calisphere.org/exhibitions/essay/7/modern-california/

Reserch and Markets. Global Stem Cells Market with Focus on Clinical Therapies, 2020-2030 - Presents a Detailed Clinical Trial Analysis on More

Than 540 Completed, Ongoing & Planned Studies of Various Stem Cell Therapies. 22 abril 2020. https://www.globenewswire.com/news-release/2020/04/22/2019772/0/en/Global-Stem-Cells-Market-with-Focus-on-Clinical-Therapies-2020-2030-Presents-a-Detailed-Clinical-Trial-Analysis-on-More-Than-540-Completed-Ongoing-Planned-Studies-of-Various-Stem-C.html

Ressler, Robert K.; Shachtman, Tom. I Have Lived in the Monster. A Report from the Abyss. Edit. St. Martin´s Press. Estados Unidos, 1997.

Ressler, Robert K.; Shachtman, Tom. Whoever Fights Monsters. Edit. St. Martin´s Press. Estados Unidos, 1992.

Rivera, Selena. Los Angeles Times. Estas son las 100 ciudades que acogen más a los inmigrantes; ¿en qué número está la suya?. 4 diciembre 2019. https://www.latimes.com/espanol/california/articulo/2019-12-04/estas-son-las-100-ciudades-que-acogen-mas-a-los-inmigrantes-en-que-numero-esta-la-suya

Robertson, John A. Nature Review Genetics. Human embryonic stem cell research: ethical and legal issues. Volumen 2. Enero 2001.
http://www.nature.com/reviews/genetics

Rodríguez, Margarita. BBC Mundo. Cómo fue la primera gran ley para prohibir la inmigración a EE.UU. 130 años antes de la llegada de Donald Trump al poder. 26 febrero 2017. https://www.bbc.com/mundo/noticias-internacional-38911348

Román, Elizabeth. MassLive. El Pueblo Latino. Informe predice 1.15 millones de latinos en Massachusetts para el 2035. 13 marzo, 2019. https://www.masslive.com/elpueblolatino/2019/03/el-crecimiento-de-la-poblacion-latina-requiere-un-plan-a-largo-plazo-editorial.html

Ronquillo, Víctor. Las Muertas de Juárez. Crónica de una Larga Pesadilla. Editorial Planeta. México, 1999.

Rubleski, Jeff. Wellness Councils of America. Beating Healthcare Costs Is It Really Possible?. 15 de septiembre, 2003. http://www.welcoa.org,

Saranow, Jennifer. The Wall Street Journal. What is your Body Worth?, Putting Prices on the Pieces. Estados Unidos, 6 de mayo, 2003.
http://online.wsj.com/article/0,,SB105217044930202200,00.html.

Saucedo, Alcala Javier. El Diario. Niega el FBI analizar material del caso Airis. México, 7 de junio, 2005.

Saul, Rebekah. The Guttmacher Report on Public Policy. Federally Funded "Stem Cell" Research: New Hope, Renewed Controversy. Abril 1999.

Segato, Laura Rita. Territorio, soberanía y crímenes de segundo Estado: la escritura en el cuerpo de las mujeres asesinadas en Ciudad Juárez. Serie Antropología. www.mujeresdejuarez.org/serie362.htm. Brasilia, Brasil 2004.

Schoenbrod, David, Riedl, Brian. USA Today. Cuts in Social Security and Medicare are inevitable. Delaying reform will make it worse.. While our elected officials continue to delay much-needed reforms to Social Security and Medicare, their financial state gets worse and worse. https://www.usatoday.com/story/opinion/2018/08/15/national-debt-growing-social-security-medicare-entitlement-reform-column/914488002/

Siegelbaum, Max. The Guardian. Millions in US taxpayers' money invested in private prison firms. At least 20 public worker pension funds have invested in firms profiting from Trump's immigration policy, including California and New York. 11 Jul, 2019. https://www.theguardian.com/us-news/2019/jul/11/private-prison-firms-profiting-trump-immigration-policy

Silber, J. Sherman. The Infertility Center of Saint Louis. Ovarian Tissue Freezing. Preservation of Future Fertility Through Ovarian Tissue Freezing. 1997-2005. http://www.infertile.com/treatmnt/tretas/freeze2.htm

Simon, Harvey. Harvard Medical School. Infertility in Women. Estados Unidos, septiembre 2002.

Simon, Harvey. Harvard Medical School. Ovarian Cancer. Estados Unidos, marzo 2003.

Soihchet, Catherine. CNN. En una historia espantosa de esterilizaciones forzadas, algunos temen que Estados Unidos esté comenzando un nuevo capítulo. 17 sept, 2020. https://cnnespanol.cnn.com/2020/09/17/en-una-historia-espantosa-de-esterilizaciones-forzadas-algunos-temen-que-estados-unidos-este-comenzando-un-nuevo-capitulo/

Spar, Debora. The Egg Trade — Making Sense of the Market for Human Oocytes. The New England Journal of Medicine. Marzo, 2007.

Stagg Elliot, Victoria. American Medical News. Fertility: Facts vs. Fiction. Women Need to Know the Effects of Holding off Conception. Estados Unidos, 25 de diciembre 2002.

Steghaus-Kovac. Science, 286:31. Ethical Loophole Closing up for Stem Cell Researchers. 1999.

Stemcellresearch.org. On Human Embryos and Stem Cell Research. 1º de julio 1999. http://www.stemcellresearch.org/statement/statement.htm.

Steverman, Ben. Bloomberg. Estados Unidos se rompe: las cifras de la vergüenza que lo explican. 8 de octubre de 2020. https://es-us.finanzas.yahoo.com/noticias/riqueza-50-ricos-eeuu-iguala-192533818.html

T1msn México. Educación. Autorizan a Creador de la Oveja Dolly a Clonar Embriones Humanos.
http://www.t1msn.com.mx/educacion/conocimiento/espacio/

T1msn México. Educación. Células que son Madres de Tejidos. 2004.
http://www.t1msn.com.mx/educacion/conocimiento/especiales/celulas/

T1msn México. Educación. Clonar para Curar. 2004.
http://www.t1msn.com.mx/educacion/conocimiento/especiales/paracurar/

T1msn México. Educación. ONU Adopta Declaración en Contra de Clonación Humana.
http://www.t1msn.com.mx/educacion/conocimiento/espacio/

Telemundo. Senado aprueba ley a favor de inmigrantes en Massachusetts. 24 de mayo del 2018.
https://www.telemundonuevainglaterra.com/noticias/local/senado-aprueba-ley-a-favor-de-inmigrantes/7736/

The New England Journal of Medicine. vol 344, no. 24. Noticias Científicas. Banco de Cordón Umbilical: Transplante de Células Madre Hematopoyéticas Utilizando Sangre de Cordón Umbilical. Junio, 2001.
http://www.bancodecordon.com/links/actualidad%20cientifica.htm

Thompson, Bert; Harrub Brad. Apologetics Press. Human Cloning and Stem-Cell Research-Science's "Slippery Slope" (Part I). Agosto, 2001.
http://www.apologeticspress.org/articles/2512.

Tober, Diane, Pavone, Vincenzo. Las bioeconomías de la provisión de óvulos en Estados Unidos y en España: una comparación de los mercados médicos y las implicaciones en la atención a las donantes. Revista de Antropología Social. Ediciones Complutenses. 29 de enero 2018

Tucker, Michael J. Georgia Reproductive Specialists. Human Oocyte and Embryo Cryopreservation. 2003. http://www. ivf.com.

Ulloa, Jazmine. Los Angeles Time. La ley de "estado santuario" de California podría mantener los datos de los inmigrantes lejos de ICE. 24 febrero 2019.
https://www.latimes.com/espanol/eeuu/la-es-la-nueva-batalla-por-la-ley-santuario-de-california-podria-mantener-los-datos-de-los-inmigrantes-lej-20190224-story.html

Union Calendar No. 101, H.R. 2505, United State Code. Enmienda 18 que prohíbe la clonación humana. 107 congreso, 1ª sesión, Estados Unidos, 16 de julio del 2001

Union Calendar No. 140, H.R. 2505, United State Code. Enmienda 18 que prohíbe la clonación humana. 107 congreso, 1ª sesión, Estados Unidos, 1 de agosto 2001.

United Kingdom Parliament. Royal Victoria Infirmary, Newcastle. 2 de abril 1996.

United Nations. Department od Economics and Social Affairs. Population Divisions. La migración mundial en cifras. Una contribución conjunta del DAES y la OCDE al Diálogo de Alto Nivel de las Naciones Unidas sobre la Migración y el Desarrollo, celebrado el 3 y 4 de octubre de 2013. https://www.oecd.org/els/mig/SPANISH.pdf

U.S. Department of Commerce.Economics and Statistics Administration.U.S. Census Bureau. La población hispana. Información del Censo 2000. https://www.census.gov/prod/2001pubs/c2kbr3sp.pdf

U.S. Inmigration and Customs Enforcement. Fiscal Year 2018 ICE Enforcement and Removal Operations Report. Overview. https://www.ice.gov/doclib/about/offices/ero/pdf/eroFY2018Report.pdf

United States Patent. Kinsey III, E. Wayne; Sharif, Sharif; Harry, David N. Benchamark Research and Technology, Inc.Method and Composition for Delaying the Cross-linking of Water Soluble Polymer Solutions. Patent No. US5565513. Estados Unidos, 27 de junio, 1995.

United States Patent. Hansel, William, Board of Supervisors of Louisiana State University and Agricultural and Mechanical College. Nitric Oxide-Scavenging System for Culturing Oocytes, Embryos, or other Cells. Patent No. US 6,864,086 B2. Estados Unidos, 8 de marzo 2005.

U.S. Department of Health & Human Services. Health Resources and Services Administration. HRSA FY 2004 Budget.

U.S. Department of Homeland Security. FY 2019 Budget in Brief. www.dhs.gov

U.S. Health Care System.Twice the Cost, Lower Medical Standards, 15% of the Population Uninsured.

U. S. Inmigration and Customs Enforcement. U.S. Immigration and Customs Enforcement Fiscal Year 2019 Enforcement and Removal Operations Report.

U.S. News & World Report. USNews.com. The High Cost of Eggs. Donor at Risk.

Valdés, Gustavo. CNN. Los latinos del estado de Georgia encuentran un hogar, pero carecen de representación política. 18 mayo, 2016. https://cnnespanol.cnn.com/2016/05/18/en-georgia-latinos-encuentran-un-hogar-pero-carecen-de-representacion-politica/

Ventura-Junca, Patricio, Erices, Alejandro, Santos. Céntro de Biética Pontifica Universidad Católica de Chile. Turismo con células madre y requisitos para su uso clínico: desafíos bioéticos más allá del embrión. Bioethical challenges of stem cell tourism

Victoria Research Center. InfoSheet: Intra-Cytoplasmic Sperm Injection (ICSI). www.victoriafertility.com

Villalobos, Mendoza Dora. Matan en 15 meses a 21 mujeres en Juárez. El Heraldo de Chihuahua. 19 de noviembre, 2004.
http://www.online.com.mx/el_heraldo/locales/19noviembre2004/6.html

Villalpando Moreno, Rubén. Triple Jornada. Enclavefeminista.org. Desde 1993...320 Mujeres Asesinadas, 500 Mujeres Asesinadas. México, 2003
http://www.geocities.com/pornuestrashijas2/triplejornada1.html
http://www.enclavefeminista.org/mexico/datos.htm

Villalpando, Rubén. La jornada. Son 200 casos registrados entre 1993 y 1998. Investigará fiscalía especial de la PGR desaparición de personas en Juárez.
https://www.jornada.com.mx/2002/01/17/033n1est.html

Waldby, Catherine (2008) 'Oocyte markets: women's reproductive work in embryonic stem cell research', New Genetics and Society, 27:1, 19 — 31

Washington Valdez Diana. Cosecha de Mujeres. Safari en el Desierto Mexicano. Editorial Océano. México, 2005.

Weatherbase. http://www.weatherbase.com/?refer=. Consultada en junio 2005.

Webb Nicholas J. The Cost of Being Sick.

Weelch M. William. KeepMedia/USA Today. Senate´s deadlock over cloning may be tough to break. 13 de febrero 2004.
http://www.keepmedia.com/jsp/article_detail_print.jsp

Weiss, Rick. Washingtonpost.com. 400,000 Human Embryos Frozen in U.S. 8 de mayo 2003.

Willson Margaret. Freezing human eggs-will this soon be a practical option?. 27 de febrero 2001.

Wilt, Kristal. Texas A&M University-Corpus Christi. CCE Draft 2 Stem Cell Research. 12 enero 2005.

Wola.org. Fragmentos de testimonios de las madres de Esmeralda Herrera Monreal, Claudia Ivette González y Laura Berenice Ramos Monarrez. 3 de las víctimas del campo algodonero.

Woolhandler, Steffie; Himmelstein, David U. The New England Journal of Medicine. The Deteriorating Administrative Efficiency of the U.S. Health Care System. 2 de mayo de 1991.

Woolhandler, Steffie. The New England Journal of Medicine. Costs of Health Care Administration in the United States and Canada. 21 de agosto 2003.
http://www.nejm.org

World Health Federation. Champions Advocates Program. The Cost of CVD. 2020. http://www.championadvocates.org/en/champion-advocates-programme/the-costs-ofcvd#:~:text=The%20costs%20of%20CVD&text=Non%2Dcommunicable%20 diseases%20(%20NCDs%20),a%20staggering%20US%241%2C044%20billion.

Ximénez de Sandoval, Pablo. El Pais. La política de inmigración de Trump provoca respuestas extremas en Texas y California. Texas aprueba la ley más dura contra los indocumentados de Estados Unidos mientras California planea convertirse en 'Estado santuario'. 8 mayo, 1997
https://elpais.com/internacional/2017/05/08/actualidad/1494269660_793283.html

Ximénez de Sandoval, Pablo. El Pais. La cruzada antiinmigrantes que hundió a los republicanos en California y sirve de moraleja a EE UU. 11 nov, 2019.
https://elpais.com/internacional/2019/11/10/actualidad/1573371505_730687.html

Ximénez de Sandoval, Pablo. El Pais. California ya es la quinta mayor economía del mundo. El Estado de la costa oeste de EE UU sigue subiendo en el 'ranking' y supera a Reino Unido. 9 mayo, 2018.
https://elpais.com/elpais/2018/05/09/opinion/1525882179_659426.html

# IMAGENES.

Autor: Tayeb Mezahdia en Pixabay

Autor: Tracy Lundgren en Pixabay

Autor: MaxPixel's contributors
Crédito: https://www.maxpixel.net/photo-5171696
Derechos de autor: Copyright by MaxPixel

Autor: Wikimedia commons
https://commons.wikimedia.org/wiki/File:Oocyte_with_Zona_pellucida_(27771482282).jpg

www.ingramcontent.com/pod-product-compliance
Lightning Source LLC
Chambersburg PA
CBHW031620210526
45464CB00004B/1667